新时代科技特派员赋能乡村振兴答疑系列

XINSHIDAI KEJI TEPAIYUAN FUNENG XIANGCUN ZHENXING DAYI XILIE

蔬菜绿色生产技术有问必答

SHUCAI LÜSE SHENGCHAN JISHU YOUWEN BIDA

山东省科学技术厅
山东省农业科学院　组 编
山 东 农 学 会

王淑芬　韩　伟　高俊杰　主编

U0239185

中国农业出版社
农村读物出版社
北京

图书在版编目（CIP）数据

蔬菜绿色生产技术有问必答／王淑芬，韩伟，高俊杰主编．—北京：中国农业出版社，2020.8
（新时代科技特派员赋能乡村振兴答疑系列）
ISBN 978-7-109-27154-8

Ⅰ.①蔬… Ⅱ.①王… ②韩… ③高… Ⅲ.①蔬菜园艺－无污染技术－问题解答 Ⅳ.①S63-44

中国版本图书馆 CIP 数据核字（2020）第 141511 号

中国农业出版社出版
地址：北京市朝阳区麦子店街 18 号楼
邮编：100125
责任编辑：廖 宁
版式设计：王 晨 责任校对：吴丽婷
印刷：北京万友印刷有限公司
版次：2020 年 8 月第 1 版
印次：2020 年 8 月北京第 1 次印刷
发行：新华书店北京发行所
开本：880mm×1230mm 1/32
印张：3.75
字数：130 千字
定价：18.00 元

组编单位

    山东省科学技术厅

    山东省农业科学院

    山东农学会

编审委员会

  主 任：唐 波 李长胜 万书波

  副 主 任：于书良 张立明 刘兆辉 王守宝

  委 员（以姓氏笔画为序）：

      丁兆军 王 慧 王 磊 王淑芬

      刘 霞 孙立照 李 勇 李百东

      李林光 杨英阁 杨赵河 宋玉丽

      张 正 张 伟 张希军 张晓冬

      陈业兵 陈英凯 赵海军 宫志远

      程 冰 穆春华

组织策划

    张 正 宋玉丽 刘 霞 杨英阁

本书编委会

主　编：王淑芬　韩　伟　高俊杰

副主编：付卫民　刘　辰　刘贤娴　徐文玲

参　编（以姓氏笔画为序）：

王凤德　王荣花　王施慧　王清华　孔素萍

刘　芳　刘中良　刘冰江　刘泽洲　刘淑梅

孙建磊　苏晓梅　李巧云　李景娟　杨妍妍

谷端银　张　烨　张一卉　孟昭娟　贺立龙

高　超　高莉敏　曹齐卫　焦　娟

农业是国民经济的基础，没有农村的稳定就没有全国的稳定，没有农民的小康就没有全国人民的小康，没有农业的现代化就没有整个国民经济的现代化。科学技术是第一生产力。习近平总书记2013年视察山东时首次作出"给农业插上科技的翅膀"的重要指示；2018年6月，总书记视察山东时要求山东省"要充分发挥农业大省优势，打造乡村振兴的齐鲁样板，要加快农业科技创新和推广，让农业借助科技的翅膀腾飞起来"。习近平总书记在山东提出系列关于"三农"的重要指示精神，深刻体现了总书记的"三农"情怀和对山东加快引领全国农业现代化发展再创佳绩的殷切厚望。

发端于福建南平的科技特派员制度，是由习近平总书记亲自总结提升的农村工作重大机制创新，是市场经济条件下的一项新的制度探索，是新时代深入推进科技特派员制度的根本遵循和行动指南，是创新驱动发展战略和乡村振兴战略的结合点，是改革科技体制、调动广大科技人员创新活力的重要举措，是推动科技工作和科技人员面向经济发展主战场的务实方法。多年来，这项制度始终遵循市场经济规律，强调双向选择，构建利益共同体，引导广大科技人员把论文写在大地上，把科研创新转化为实践成果。2019年10月，习近平总书记对科技特派员制度推行20周年专门作出重要批示，指出"创新是乡村全面振兴的重要支撑，要坚持把科技特派员制度作为科技创新人才服务乡村振兴的重要工作进一步抓实抓好。广大科技特派员要秉持初心，在科技助力脱贫攻坚和乡村振兴中不断作出新的更大的贡献"。

山东是一个农业大省，"三农"工作始终处于重要位置。一直以来，山东省把推行科技特派员制度作为助力脱贫攻坚和乡村振兴的重要抓手，坚持以服务"三农"为出发点和落脚点、以科技人才为主体、以科技成果为纽带，点亮农村发展的科技之光，架通农民增收致富的桥梁，延长农业产业链条，努力为农业插上科技的翅膀，取得了比较明显的成效。加快先进技术成果转化应用，为农村产业发展增添新"动力"。各级各部门积极搭建科技服务载体，通过政府选派、双向选择等方式，强化高等院校、科研院所和各类科技服务机构与农业农村的连接，实现了技术咨询即时化、技术指导专业化、服务基层常态化。自科技特派员制度推行以来，山东省累计选派科技特派员2万余名，培训农民968.2万人，累计引进推广新技术2 872项、新品种2 583个，推送各类技术信息23万多条，惠及农民3亿多人次。广大科技特派员通过技术指导、科技培训、协办企业、建设基地等有效形式，把新技术、新品种、新模式等创新要素输送到农村基层，有效解决了农业科技"最后一公里"问题，推动了农民增收、农业增效和科技扶贫。

为进一步提升农业生产一线人员专业理论素养和生产实用技术水平，山东省科学技术厅、山东省农业科学院和山东农学会联合，组织长期活跃在农业生产一线的相关高层次专家编写了"新时代科技特派员赋能乡村振兴答疑系列"丛书。该丛书涵盖粮油作物、菌菜、林果、养殖、食品安全、农村环境、农业物联网等领域，内容全部来自各级科技特派员服务农业生产实践一线，集理论性和实用性为一体，对基层农业生产具有较强的指导性，是生产实际和科学理论结合比较紧密的实用性很强的致富手册，是培训农业生产一线技术人员和职业农民理想的技术教材。希望广大科技特派员再接再厉，继续发挥农业生产一线科技主力军的作用，为打造乡村振兴齐鲁样板提供"才智"支撑。

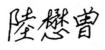

2020 年 3 月

前言 FOREWORD

党的十九大报告指出，农业农村农民问题是关系国计民生的根本性问题，必须始终把解决好"三农"问题作为全党工作的重中之重，实施乡村振兴战略。2019 年 10 月，习近平总书记对科技特派员制度推行 20 周年作出重要指示指出，创新是乡村全面振兴的重要支撑，要坚持把科技特派员制度作为科技创新人才服务乡村振兴的重要工作进一步抓实抓好，广大科技特派员要秉持初心，在科技助力脱贫攻坚和乡村振兴中不断作出新的更大的贡献。

为了落实党中央、国务院关于实施乡村振兴战略的决策部署，深入学习贯彻习近平总书记关于科技特派员工作的重要指示精神，促进山东省科技特派员为推动乡村振兴发展、助力打赢脱贫攻坚战和新时代下农业高质量发展提供强有力支撑，山东省科学技术厅联合山东省农业科学院和山东农学会，组织相关力量编写了"新时代科技特派员赋能乡村振兴答疑系列"丛书之《蔬菜绿色生产技术有问必答》。

本书有几个特点：一是内容丰富。选择 20 种常见蔬菜，包括白菜类、萝卜类、甘蓝类、茄果类、豆类、瓜类、葱姜蒜类、绿叶菜类、薯芋类等，每种蔬菜从起源地、种

1

类分布、营养价值、山东地区茬口安排、种植技术、病虫害防治、采收与储藏等方面进行了全方位介绍。二是简单明了，适用性强。全书采用通俗易懂的语言，尽量将专业术语描述得让大众读者看得懂、看得会，扩大了受众群体的范围，不仅可作为专业参考书，也可作为学生课外读物。三是配以插画，趣味性强。本书采用简体插画，摒弃枯燥无味的长篇大论，增加了内容的趣味性，增加了阅读的乐趣。四是采用问答形式，科普效果好。本书从读者阅读目的出发，有针对性地进行内容描述，较以往类似书籍具有更强的科普性。

本书的编写本着强烈的敬业心和责任感，广泛查阅、分析、整理了相关文献资料。在本书编写过程中，得到了有关领导和兄弟单位的大力支持，许多科研人员提供了丰富的研究资料和宝贵建议，并做了大量辅助性工作。在此，谨向他们表示衷心的感谢！

由于时间仓促、水平有限，书中疏漏之处在所难免，恳请读者批评指正。

编 者

2020 年 3 月

目录 CONTENTS

第三章 南瓜

第四章 番茄

第五章　辣椒

第六章　茄子

第七章　大白菜

第八章　甘蓝

第九章 萝卜

第十章 胡萝卜

第十一章　洋葱

第十二章　大蒜

第十三章　大葱

第十四章 ◀ 菠菜

第十五章 ◀ 芹菜

第十六章　油菜

第十七章　菜豆

第十八章 豇豆

第十九章 马铃薯

第二十章　山药

第一章 黄 瓜

1. 黄瓜起源于哪里？

黄瓜也叫刺瓜、胡瓜、王瓜，南方也称为青瓜。3 000 年前在喜马拉雅山南麓的印度安家落户。

2. 我国黄瓜的栽培是从何时开始的？

2 000 年前在张骞出使西域的时候黄瓜就已来到中国，当时被称为胡瓜。但由于赵王朝羯族皇帝石勒知道羯族被称为胡人后大怒，制定了一条法令，不许出现胡字，襄国郡守樊坦灵机一动称之为黄瓜，从而避免了杀身之祸。后来黄瓜这个名字渐渐流传下来。

谁也不能说"胡"字，我说了算，瓜也不行！

3. 黄瓜为什么不叫绿瓜？

黄瓜明明是绿油油的，为啥不叫绿瓜，而叫黄瓜呢？这是因为古代的人们不知道鲜嫩的黄瓜更好吃，吃的是黄熟后的瓜。但后来人们渐渐发现，还是未熟的绿色的瓜更加可口，久而久之就没有人再吃黄熟后的黄瓜了。

看，我青春靓丽、秀色可餐喔！

另外，黄瓜的身世也曾经是个谜，不过现在我国的科学家已经证实了黄瓜和甜瓜是亲戚，虽然它俩长得差异较大，但都是甜瓜属。

4. 我国有名的黄瓜种类有哪些?

正所谓一方水土养一方人，每个地方的土壤环境、气候条件等差异形成了各自的特点，组成了黄瓜的大家族。最有名的如山东烟台的海阳白玉黄瓜、山东临沂的沂南黄瓜、河北乐亭的兔子腿黄瓜、甘肃的板桥白黄瓜，重庆的燕白黄瓜等。

5. 黄瓜的药用价值有哪些?

黄瓜虽有很多种类，但它们的营养和药用价值是一样的。黄瓜的花清香健脑，叶片可入药，种子是天然的活性钙库。果实清热利水，解毒消肿，生津止渴。黄瓜汁涂擦皮肤，有润肤、舒展皱纹的功效，是天然美容产品。黄瓜还有降血糖和减肥的功效，甚至带苦味的黄瓜更具有抗癌保健的奇效。可以说黄瓜全身都是宝。

对我们现代人来说，黄瓜是餐桌上常见蔬菜，一年四季，想吃就吃，物美价廉。可如果是生活在唐代，2月想吃黄瓜，那得生于帝王之家。即使到了清代，反季节的黄瓜，也是珍稀之物，说那是一掷千金也不夸张。对此，清朝李静山大发感慨："黄瓜初见比人参，小小如簪值数金。微物不能增寿命，万钱一食是何心!"

6. 山东地区黄瓜的茬口是怎样安排的?

山东（黄淮海）地区设施黄瓜种植以冬春茬和早春茬为主，采收期短；在品种配套上，主要以长势强、不早衰、耐密植的雌性品种为主。冬春茬一般 11 月播种，12 月定植，瓜期可延续到翌年 6 月；早春茬一般 2 月播种，3 月定植，瓜期 3 个月。

7. 黄瓜的底肥管理技术有哪些？

深翻晒垡，重施底肥。定植前 20 天施足基肥，一般每亩*撒施优质圈肥 7 500 千克、三元复合肥（N - P - K 为 15 - 15 - 15）50 千克。按 1.2 米宽做高畦，在畦内集中施肥，每亩施腐熟饼肥 100 千克、过磷酸钙 30 千克、沃丰康生物菌肥 100 千克，深翻耙平，浇水造墒。

8. 黄瓜的肥水管理技术有哪些？

穴盘催芽育苗时，每穴播 1～2 粒种子，播后覆土并浇透水，一般 3 天即可出苗，2 片真叶时定植。选择连续晴天上午进行定植，定植后于晴天再浇 1 次缓苗水，然后进行反复浅中耕，划锄要浅，千万不能伤害新根。及时摘除第 5 节以下的雌花，若长势旺盛，可留住第 5 节以下的瓜。根瓜膨大后，若茎叶长势旺、龙头强，可推迟到根瓜采收后进行浇水。若植株长势弱、缺水，必须提前浇水。结瓜初期的管理要以促根、壮秧为主，并进行 1 次追肥浇水。盛瓜期水肥管理一般 5～7 天进行 1 次。结瓜后期以控为主，加大通风量，减少浇水量，每 7～10 天浇 1 次水，降低温度。

9. 黄瓜主要的病虫害有哪些？如何防治？

黄瓜较常见的病害有靶斑病、霜霉病及细菌性病害，虫害主要是蚜虫、白粉虱。提倡结合温湿度管理，于病虫害发生前喷药。坚持保护性药剂与治疗性药剂配合施用原则，延长药效。喷施百菌清和嘧菌酯可预防黄瓜靶斑病；喷施霜脲氰·嘧菌酯和嘧菌酯可预防霜霉病，同时交替喷施苯甲·嘧菌酯（福递）、百菌清和春雷霉素

---

* 亩为非法定计量单位，1 亩≈667 平方米。

可预防靶斑病及细菌性病害。在所有通风口设置 40 目*防虫网，温室内悬挂黄色捕虫板诱杀害虫，可选用吡虫啉防治。总之，病虫害应以预防为主，综合防治。

10. 黄瓜的采收期如何确定?

黄瓜生长发育速度快，因此，要及时缠蔓、去老叶病叶、摘卷须和落蔓，及时疏瓜，摘除弯瓜，侧枝坐瓜后留 1 片叶摘心，及时采收商品瓜。

---

* 目为非法定计量单位，目是指每平方英寸筛网的孔数，其中 1 英寸＝2.54 厘米。

第二章

西 瓜

11. 西瓜起源于哪里?

西瓜的别名水瓜、寒瓜、夏瓜等。在公元 10 世纪中叶以后从西域漂洋过海来到了我国，因此得名"西瓜"，西瓜的故乡是非洲撒哈拉荒漠地区。西瓜是我国销售排名第一的水果，我国生产了世界上近 70％的西瓜，但还是不能完全满足本地市场，可见西瓜十分受欢迎。

我是一个大西瓜 大家都爱我～

12. 我国西瓜的种类有哪些?

原先的西瓜是葫芦科的野生植物，不能吃，后经人工培植成为食用西瓜。西瓜的种类很多，古代的西瓜皮色就有青、绿色，瓤色有红、白色，其种子有黄、红、黑、白色等。

原先的西瓜产量低、品质差，而且不能周年供应。除了直接食用外，偶尔也会拿来酿酒，最初西瓜含的番茄红素不多，所以颜色呈淡红色，乍看起来甚至有点偏白色，且肉质没那么丰厚，个头也较今日的西瓜小得多。然而，经过数百年来的人工培育及改良，演变成今日大家熟悉的模样。

　　现在的西瓜品质好、产量高，很多品种能够周年供应。西瓜品种进化有几种方式，即常规进化、自然变异、杂交育种和生物技术育种。西瓜的产量因种植和管理技术不同，差异很大。现在西瓜的品种很多，皮色有青、绿、黄色，瓤色更是有红、黄、白、粉等。

13. 西瓜的营养价值有哪些？

　　西瓜的果肉含蛋白质、葡萄糖、蔗糖、果糖、苹果酸、谷氨酸、瓜氨酸、蔗糖酶、钙、铁、磷、粗纤维及维生素等，皮含蜡质，种子含脂肪、蛋白质、B族维生素等。新鲜西瓜皮盐腌后可作小菜。

14. 西瓜的药用价值有哪些？

　　西瓜的果皮、果肉、种子都可食用、药用。籽壳及西瓜皮制成"西瓜霜"专供药用，可治口疮、急性咽喉炎等症状；西瓜果肉（瓤）有清热解暑、解烦渴、利小便、解酒毒等功效；瓜皮用来治肾炎水肿、肝病黄疸、糖尿病；西瓜籽有清肺润肺功效，止渴、助消化，可治吐血、久嗽。

西瓜是最自然的天然饮料，而且营养丰富，对人体益处多多，优点虽然很多，但大量或长期食用副作用也不可轻忽。中医辨证属于脾胃虚寒，寒积腹痛，小便频繁、量多，以及平常有慢性肠炎、胃炎及十二指肠溃疡等属于虚冷体质的人不宜多吃。正常健康的人也不可1次吃太多或长期大量吃，因西瓜水分多，大量水分在胃里会冲淡胃液，引起消化不良或腹泻。

西瓜虽好，别贪吃哦！

15. 山东地区西瓜的茬口是怎样安排的？

山东地区设施西瓜栽培面积约占全省西瓜栽培面积的70%，日光温室一般于12月下旬至2月中旬定植，3月上旬至5月上旬采收。大拱棚春茬于2月下旬至4月上旬定植，4～6月采收；夏秋茬于8月定植，10～11月采收。

16. 西瓜的定植技术有哪些？

西瓜选择成熟早、品质优、高产、抗病，适合市场需求的中小型品种，一般采用嫁接苗种植，可选择从规模大、信誉较高的集约化育苗企业购买商品苗或者自主育苗。种植最好选择土层深厚、土质疏松肥沃、排水性能好、灌溉方便的土壤。整地前每亩施用腐熟的圈肥5～6立方米，腐熟畜禽粪便2 000千克，过磷酸钙50千克。有机肥在普遍耕翻时施入一半，做垄前垄底施另一半。垄底除施有机肥外，每亩再撒施氮磷钾复合肥60千克或磷酸二铵40千克、硫酸钾20千克。

定植时采用高垄大小行栽培方式，按小行距60～70厘米，大行距80～90厘米做成龟背形垄，垄高15～25厘米，垄上安装滴灌或微喷灌带。对前茬作物为瓜类蔬菜的设施，可于垄底每亩施甲基硫菌灵可湿性粉剂1.5千克，进行土壤消毒。当西瓜苗三叶一心时，温室内 10 厘米地温稳定在 13 ℃以上，日平均气温稳定在 15 ℃以上时即可定植。定植前两天，垄上覆盖黑色地膜或白色地膜，在地膜上开穴，每垄定植 2 行，株距 40～50 厘米，在垄两边距离 10 厘米处开穴，每亩栽苗 1 600～1 800 株。

定植时保证营养土块的完整，深度以营养土块的上表面与畦面齐平或稍深，保证嫁接口应高出畦面 1～2 厘米。植株采用双蔓吊蔓栽培，保留主蔓作为结果蔓，让其在引绳上生长，再选留 1～2 条子蔓作营养枝，其余子蔓全部摘除，在主蔓第二雌花开放时，于上午 9:00—11:00 授粉。当果实呈鸡蛋大小时，选留果形周正、符合品种特征的幼瓜。

定植缓苗后浇 1 次大水；到伸蔓期，每亩施氮磷钾复合水溶肥 15 千克，随水冲施；授粉期间控制浇水；幼果鸡蛋大小时，应每亩追施氮磷钾复合水溶肥 15 千克，随水冲施。隔 7～10 天再浇 1 次大水，至采收前 5～7 天不再浇水。生长期内可叶面喷施 2～3 次 0.3%磷酸二氢钾等叶面肥。

17. 西瓜常见的病虫害有哪些？如何防治？

西瓜常见主要病害有白粉病、炭疽病、灰霉病、疫病、细菌性叶枯病、蔓枯病、病毒病等，主要虫害有白粉虱、红蜘蛛等。

针对当地主要病虫控制对象及地片连茬种植情况，选用有针对性的高抗、多抗品种。采取嫁接育苗，培育适龄壮苗；通过放风、增强覆盖、辅助加温等措施，控制各生育期温湿度，避免生理性病害发生；增施充分腐熟的有机肥，减少化肥用量；清洁田园，降低病虫基数；及时摘除病叶、病果，集中销毁。按照"预防为主，综合防治"的植保方针，坚持"农业防治、物理防治、生物防治为主，化学防治为辅"的原则进行防治。

第三章　南　瓜

18. 南瓜起源于哪里？

南瓜又称中国南瓜、倭瓜、番瓜、饭瓜，这都跟南瓜的起源有关。大约 9 000 年前，南瓜生活在墨西哥和中南美洲，航海家哥伦布将南瓜带去了欧洲，后来又带到日本、印度尼西亚、菲律宾等地，直到明代开始进入中国浙江等地。

> 我是中国南瓜，也是倭瓜、番瓜和饭瓜。

> 怎么有这么多名字？

> 其实，我还有更多名字呢。

19. 南瓜名字的来源是什么？

初期，南瓜被认为来自日本，被称为"倭瓜"。有关番瓜的记载始见于元末明初贾铭《饮食须知》。因日本在中国的东边，所以又被称为"东瓜"；此外，还有人误会南瓜是来自朝鲜半岛的，称其"高丽瓜"；而日本人则以为南瓜是来自中国，所以日本人称南瓜为"唐茄子"。清代中后期，南瓜沿大运河向北移栽，特别是山东，成了北方南瓜种植重地，人们开始意识到南瓜应自南方来，"南瓜"的叫法开始流行起来。

20. 南瓜的种类有哪些？

南瓜家族的形状有很多，主要有圆南瓜和长南瓜 2 个变种。

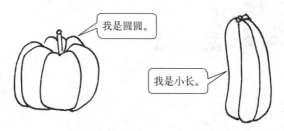

不仅形状不同，皮色也有很多种。下面的都是南瓜的不同种类。

它们之所以看上去差别这么大，主要是因为染色体发生了改变。南瓜拥有 20 对染色体。任何的改变，都可能引起南瓜果实性状的变化。

21. 南瓜的营养价值有哪些?

南瓜的营养价值丰富,保健功能强。果实富含多糖、类胡萝卜素、果胶、矿质元素及氨基酸;叶子含有多种维生素与矿物质,其中维生素 C 的含量很高。食用南瓜可以清热解毒,夏季煮水,可消暑除烦。

22. 山东地区南瓜的茬口是怎样安排的?

山东地区一般每年种植两茬,分别在 2 月中下旬播种,夏季收获;于 7 月下旬播种,秋季收获。

23. 南瓜的育苗管理技术有哪些?

选用低温弱光下、连续坐瓜能力强,口味香甜,整齐一致,可长时间储藏且果皮不易褪色的抗病、优质、高产品种,60 ℃水浸泡 10 分钟,30 ℃浸种 6~8 小时后,再用 1‰高锰酸钾溶液浸泡 15 分钟,湿布包好置于 25~30 ℃条件下催芽,露白即可播种。苗床温度白天控制在 20~25 ℃、夜间控制在 15 ℃左右。

24. 南瓜的底肥管理技术有哪些?

定植前整地施肥。每亩施腐熟有机肥 1 000~2 000 千克、三元素复合肥(15-15-15)50 千克、生物菌有机肥 100~200 千克,均匀撒施并做平畦或者起垄栽培,行距 1.3~1.5 米,株距 0.4~0.7 米。南瓜吸肥性强,需肥量大,因此,要重施底肥。

25. 南瓜苗期的管理技术有哪些?

植株长至 3 片叶时定植,定植后严格管理温度和水肥。温度上,缓苗期白天控制在 25~32 ℃,夜间控制在 20 ℃左右、不低于 10 ℃;缓苗后,白天控制在 25~28 ℃,夜间控制在 12~15 ℃。定植后追肥一般分 3 次,第 1 次在伸蔓期,结合中耕除草,需施用有机肥;第 2 次在膨果期,需施用氮肥;第 3 次视植株的生长情况在第 2、3 个果的膨果期时施用有机肥和化肥混合肥料。膨果期需水分较多，要适时浇水。春季雨水较多，应做好排水工作，降低田间湿度。秋季中、后期雨水较少，要抓好沟灌工作。

定植后 5～7 天中耕松土 1 次，在蔓长 1 米左右和叶蔓铺满地面前各中耕除草 1 次。及时整枝、摘心和压蔓。南瓜为异花授粉植物，因此，需要人工授粉，最好在 10：00 以前进行，花粉要从当天开放的雄花采取。主蔓上留第 2 或第 3 个雌花，侧蔓留第 1 或第 2 个雌花。大型品种留 1～2 个，小型品种留 4～5 个。

26. 南瓜的病虫害有哪些？如何防治？

南瓜主要病虫害有病毒病、白粉病、炭疽病和白粉虱、蚜虫。病毒病主要由蚜虫传播，要控制和消灭蚜虫，若发现病株，要及早拔除烧毁，并用石灰消毒，以防蔓延；白粉病可用粉锈灵、胶体硫防治；炭疽病可用炭疽福美、施保功防治；白粉虱可用 10％吡虫啉可湿性粉剂 1 000～2 000 倍液防治。主要虫害为蚜虫，可用蓟蚜威防治。

27. 南瓜的采收期如何确定？

早熟南瓜在坐果后 15～20 天即可采收嫩瓜，中晚熟南瓜多采收老熟瓜食用，一般在坐果后 60～90 天才能充分老熟。为便于储藏，最好在早晚冷凉时采摘。

第四章 番茄

28. 番茄起源于哪里？

番茄的别名有很多，如西红柿、洋柿子、臭柿、蕃柿和六月柿等。番茄最早生长在秘鲁，当果实成熟时，颜色鲜红，娇艳欲滴，美洲当地居民怀疑番茄有剧毒，于是只敢远观不敢嘴尝，还给番茄起了个外号"狼桃"。

16 世纪，一名英国公爵乘坐轮船把番茄从美洲带到了英国，当作爱情的礼物献给了伊丽莎白女王，所以也有人称番茄"爱情果""情人果"。

29. 我国番茄的栽培是从何时开始的？

18 世纪，有个法国画家为番茄写生时，见其美丽，色泽诱人，实在忍不住就咬了一口，他发现番茄不单颜值高还很美味。从那以后，人们发现了番茄的美味。

明代万历年间，番茄万里迢迢来到了中国，于是我国的人们才有幸见到它并尝到它的美味。

30. 番茄的成长历史是怎样的？

番茄最开始的样子，就是小小红红的，像樱桃一般大小。那时候番茄生长在野外，无人照看，为了生存，番茄极力地变得高大健壮，抗病抗虫，结果导致现在的番茄植株长得高大了，花也很多，但果子却很少，口味也差，因此，野外的番茄少得可怜。

现在有了人类的悉心照顾，番茄的生存环境好多了，寒冷的地方有温室大棚，温暖的地方生长在室外，产量提高了。为了追求产量，人类选育优良品种时无法兼顾部分番茄原来的抗性，所以现在番茄的一生都要靠各种农药、化肥来维持。

为了适应各种环境，番茄也在进化着。同时也不得不感谢人类的聪明才智，通过各种手段和技术进行人工选择，使番茄的家族变得丰富多彩。

现在人们常见的番茄是粉色或者红色的，小番茄像樱桃一样漂亮，称为樱桃番茄。有传言樱桃番茄是转基因的，其实它才是最正宗的！后来发现的各种各样的番茄，都是经过人工筛选的。

我是樱桃番茄，你是樱桃，咱俩可不是一家的。

31. 番茄的种类有哪些？

番茄家族中体型较大的品种是人们所称的大番茄，圆形居多，还有扁圆、高圆、南瓜形状、圆头、尖头等，颜色有红、粉、黄、绿、紫和奶白等。长得小巧玲珑的则跟它们祖先差不多的，但是形状更丰富，有长的、圆的、扁的、梨形的、桃形的等，颜色也有很多种，如粉、红、黄、奶白、紫、橙和绿等。

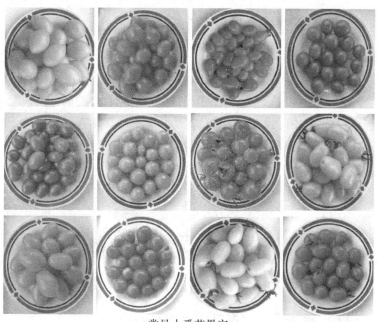

常见小番茄果实

稀有番茄——黑美人果穗

粉色小番茄——天正红珠果穗

32. 番茄果实的组成部分有哪些?

番茄的果实由多部分组成,从内到外分别是:胎座—心室—种子—果汁—果肉—果皮。心室也就是种子腔,里面有种子和果汁。果实是否酸甜可口,主要取决于果汁里酸和糖含量的高低及搭配是否合理。果实中间像花儿一样的是胎座,种子就附着在胎座伸长的部位,果汁则充满种子腔的其他空隙。

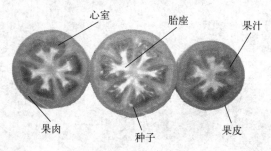

心室　　胎座　　果汁

果肉　　种子　　果皮

33. 番茄产生畸形果的原因有哪些?

番茄的家族不仅种类繁多,口味也各有不同。气温不合适或天热的时候突然被浇透冰凉的水,或用药用肥不合理,它们会像感冒一样,出现各种症状,如果实表面被开天窗,种子漏在外面,长出像小手指一样的组织等。

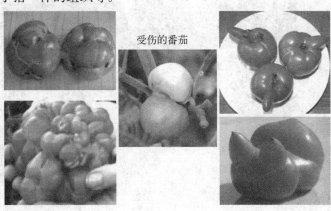

受伤的番茄

34. 番茄的营养价值有哪些?

番茄果实含有丰富的维生素 C，鲜食能够提高身体免疫力。易得口腔溃疡的人群，日常可以多食番茄，但是维生素 C 遇高温失活，所以必须鲜食才有效。番茄烹调方法丰富多样，番茄炒鸡蛋人人爱不释口。

35. 山东地区番茄的茬口是怎样安排的?

山东各地番茄生产均采用设施栽培，小面积种植，产品自行消化可选择露地种植。种植茬口有早春茬口（2～7 月），秋延迟茬口（6～11 月），冬春茬口（即越冬茬，8 月至翌年 3 月），各地可根据种植习惯选择适合当地的茬口。

36. 番茄的管理技术有哪些?

番茄生长期长，可食部分为果实。为保证苗齐苗壮，番茄均提前育苗，5～6 片真叶移栽，并且为了预防温室种植土壤传播的病害，一般采用嫁接苗，可一定程度减少甚至杜绝根腐病的发生，同时壮苗也能一定程度提高其他抗病能力。番茄亩栽苗 2 500～3 000 株，适应性强，对土壤要求不高。番茄的品质受很多因素影响，土壤有机质含量的高低对品质影响较大，因此，为了保证番茄果实的口感，建议生产中多施有机肥，少施化肥。同时由于番茄为多次分散采收，持续时间长，因此，整个生长期要保证肥水的充足，适时浇水追肥。

37. 番茄定植时的注意事项有哪些?

定植前要施足底肥（有机肥），合理搭配氮、磷、钾肥，生长旺期要增施钾肥。定植当天要浇透水，并在幼苗间撒施地虫净，诱杀地虫，防止幼苗被啃咬。番茄分为有限生长和无限生长两种类型，无限生长类型要根据生产需要适时打顶，不同类型均要及时打叉整枝，确保植株的正常生长。整个生育期都要根据植株生长发育情况适当通风调节温湿度，防止植株徒长，影响坐果。低温季节要使用防落素进行保花保果，高温季节可用振荡授粉器和熊蜂授粉。果实膨大期和采收旺季，均要进行追肥，以保证果实的营养需求，浇水尽量使用滴灌，少用大水漫灌，避免果实成熟期由于水分的急剧增多造成裂果，影响果实品相。

38. 番茄常见的病虫害有哪些？如何防治？

番茄的常见病害有病毒病、细菌性病害、真菌病害等，不同的季节发病重点不同。春季温湿度比较适宜，病虫害均很少发生。夏秋季温度较高，病毒病高发，冬季低温高湿，细菌性病害高发，因此，要根据不同季节注意防护，定期灭菌。

夏季喷药剂，同时给叶面降温，冬季尽量多用烟熏剂，可降低湿度提高温度。预防病虫害除了育壮苗、棚室增加防虫网、严格田间管理外，还要进行定期防治。

常用的病毒防治药剂有宁南霉素、毒氟磷、病毒克星等。防治细菌性病害的药剂有百菌清、多菌灵等。预防真菌性病害的药剂有农用链霉素、中生菌素、克菌康等。不同药剂可以交替使用，防止产生抗药性。

39. 番茄采收与品种选择时的注意事项有哪些？

番茄的采收要注意时机，需要长途运输的，要提早采收，果实2/3转色即可，采收过晚在运输过程中后熟变软，容易造成挤压影响品质；就近销售的可以完全转色再采收，能够保证果实更好的口感。番茄品质与果实的硬度成反比，简单说，好吃的果实一般偏软，硬果型口感略差，因此，种植户也可以根据不同的销售渠道选择不同的品种，远途销售的选择果实较硬的品种，硬度略差，不耐运输的，可以就近销售。

第五章　辣　椒

40. 辣椒起源于哪里？

考古证明，在8 000年前辣椒在美洲就开始被人们食用，但成为在全世界受青睐的香辛料，却要归功于哥伦布。哥伦布在寻找新航线时，在美洲大陆无意间看到了当地这种红彤彤的果实，发现它具有和黑胡椒粉相似的味道，认为这是他一直在寻找的胡椒。而在当时的中世纪欧洲，胡椒是昂贵的香辛料。因为哥伦布，仅仅60年的时间，辣椒就红遍全球。

41. 我国辣椒的栽培是从何时开始的？

在明朝末的时候，辣椒漂洋过海来到了中国，有关辣椒最早的记载是在江浙、两广地区，但如今这些地区人们却并不喜好辣椒。辣椒在中国的传播是沿着长江上游西进，在湖南形成了一个相对集中的中心。江西、湖北、四川以及贵州都是由湖南传入，这些地区构成了中国最能吃辣的地区，因此有"四川人不怕辣，贵州人辣不怕，湖南人怕不辣"的说法。

42. 辣椒名字的来源是什么？

辣椒也被叫作番椒。和番茄一样，辣椒也是茄科家族的，只不过番茄酸酸甜甜，人见人爱，辣椒却是火暴脾气，人见人怕。

番茄妹子虽然跟我是一个大家庭的，但她是甜妹子。

辣椒大哥豪爽直接，火辣感性。

辣椒虽然长得没有番茄圆润可爱，但却是全球最受欢迎的调味品之一。一颗小小辣椒的魅力，魅惑全球，是世界香料贸易的主力商品，没有国界的阻碍。

43. 山东地区辣椒的茬口是怎样安排的？

辣椒与番茄同属茄科作物，栽培上有很多相似之处。干制辣椒露地栽培，比较粗放，山东一般2月底至3月初育苗，4月中旬定植，待果实完全转红后可采收作为鲜红辣椒冷冻产品，果皮发软完全失水后再采收晾晒以及后期加工。鲜食辣椒均为设施栽培，茬口安排与番茄类似，有塑料大棚春早熟栽培、塑料大棚秋延后栽培、日光温室越冬茬口栽培，各地根据自己的生产习惯进行选择。辣椒育苗时间比番茄长10天左右，因此，要注意育苗时间，以免耽误农时。

44. 干制辣椒种植管理时的注意事项有哪些？

干制辣椒和鲜食辣椒的种类都很多，同类型辣椒栽培上大同小异。

干制辣椒要选择地势平坦、土壤肥沃，排水良好的地块进行栽培，不能与茄果类重茬，轮作要达3年以上，前茬以葱蒜类、大田作物为佳。定植前每亩施优质农家肥5 000千克（最好是腐熟的圈肥或牛粪）、复合肥50千克，均匀撒在地面上，然后翻地起垄，垄距50~60厘米。干制辣椒栽培要加大密度，株距25厘米左右，每穴2株，每亩地保苗10 000株左右。定植时浇透水，第2、3天继续浇缓苗水。视情况进行2~3次的中耕除草，根据干旱程度进行浇水，雨季到来前结合浇水每亩追施三元复合肥20千克，并根据秧苗长势适量补施氮肥，果实开始红熟后停止浇水追肥，防止贪青晚熟。

45. 鲜食辣椒种植管理时的注意事项有哪些？

鲜食辣椒定植于设施棚室，管理比较精细，定植前要对棚室进行消毒处理，一般用硫黄熏烟法。每亩用硫黄粉、锯末、敌百虫粉剂 3 千克，密闭温室，将配好的混合剂分 3～5 份，放在瓦片上在温室中摆匀，用暗火点燃熏烟，24 小时后通风排烟，准备定植。单株定植，株距 35 厘米、行距 70 厘米左右，定植完浇透水，利于缓苗。越冬茬要注意控制温室内湿度，避免高湿引起细菌性病害。秋延迟茬要注意通风降温，防治病毒病的高发。辣椒整枝一般保留 3～4 干，需要吊绳（或搭架）调整植株，以便通风透光，保持植株向上。低温季节要使用防落素进行保花保果，高温季节可以振荡或熊蜂授粉。结果中后期及时去除下部老病叶、无效枝、徒长枝，改善通风透光条件。辣椒的门椒、对椒要及时采收，防止坠秧，以后的果实长到最大的果形、果肉开始加厚时采收，若植株长势弱可及早采收。由于辣椒植株枝条较脆，采收时最好用剪刀剪收，以防折枝。

46. 辣椒常见的病虫害有哪些？如何防治？

辣椒的常见病害有疫病、褐斑病、病毒病。疫病要在发病初期进行防控，可用药剂甲霜铜、杀毒矾、甲霜胺锰锌等。褐斑病可用硫悬浮剂、甲基硫菌灵悬浮剂进行连续防治。病毒病多发生在高温季节，除选用抗病品种外，培育壮苗，适当喷施叶面肥提高抵抗力也是不错的方法，病毒病一旦发生不可逆转，重在预防。发病初期可使用植病灵乳剂、抗毒剂 1 号、菌毒清进行控制。辣椒常见的虫害主要有蚜虫，棚室要加设防虫网，避免外界成虫飞入，已经发现可以用克蚜星、扑蚜虱、卵虫净等进行灭杀。

第六章 茄子

47. 茄子起源于哪里？

茄子是现在餐桌上最常见的蔬菜。科学家们认为茄子的祖先来自亚洲西南部的热带地区。有人认为茄子来自印度东北部，有人认为茄子来自中国西南部，还有人认为茄子来自孟加拉国、缅甸或者老挝。印度和中国是文明古国，有很多关于茄子的文字记录，可以考证。

48. 我国茄子的栽培是从何时开始的？

早在西汉年间，王褒在《僮约》中就有关于茄子的近祖记载："种瓜作瓠，别茄披葱"；汉成帝时扬雄《蜀都赋》中歌颂当时四川成都富庶的景象，也写下茄子近祖的情况："盛冬育笋，旧菜增伽"。

49. 茄子的曾用名有哪些？

如果科学家给茄子上个户口的话，户口本上"曾用名"那一栏内容非常丰富。除了叫"茄"，西汉时期人们称呼为"伽"，隋炀帝时期称为"昆仑紫瓜"，唐朝时期称为"落苏"。还有"茄瓜""茄房""茄包""紫膨脖""六蔬""草鳖甲"等叫法。现在，大家直接称呼"茄子"。

50. 茄子的家族成员有哪些？

茄子的家族成员种类繁多，数量庞大。分布在我国的云贵高原、广东、广西以及海南等地区。以前的"野茄子"就是茄子的老祖宗。它们长得不太好看，个头小，身上到处都是刺。

51. 茄子从什么时候开始成为食品的？

茄子的祖先被聪明的人类从荒郊野外带到了肥田沃土。从此以后，茄子有了家，开始步入人工驯化栽培之路。

西汉时，成都平原的劳动人民开始人工栽培茄子，一年种1次。南北朝之前，茄子"如弹丸大"，是圆形的，比乒乓球小。人们逐渐开始挑个头大的、好吃的留做种子，下一年继续种。这样，茄子的后代个头越来越大，口味越来越甜。

唐宋期间，人们对茄子的了解已经很深了。茄子也从西南湿热地带慢慢走向北方，在全国各地扎稳了脚跟。茄子的身材也像北方汉子，逐渐开始高大，外观也变得五颜六色。除了高贵的紫色，它还穿上了白色、青色的衣服。到了元明时期，茄子开始了跨国交流，出现了白花色的茄子，个头高瘦。

52. 茄子常见的种类有哪些?

现在的茄子有黑紫色的、紫红色的、白色的、绿色的、带花纹的;身材多样,有圆形的、高圆形的、卵形的、棒形的、长条形的、线形的;帽子有紫色的和绿色的。

53. 茄子的营养价值有哪些?

茄子的祖先来自亚洲热带地区,所以它喜欢高温湿热环境。勤劳聪明的中国人,为了能让茄子在寒冷的季节健康生长,进行了设施栽培,这样,茄子就成了人们餐桌上可以天天吃到的蔬菜了。

作为一年四季可以吃到的蔬菜。茄子全身的营养价值是不容小觑的。每100克鲜果中,含蛋白质2.3克、碳水化合物3.1克、脂类0.1克、钙22毫克、磷31毫克、铁0.4毫克、胡萝卜素0.04毫克、硫胺素0.03毫克、核黄素0.04毫克、维生素$B_3$0.5毫克、抗坏血酸3毫克。

54. 茄子的药用价值有哪些?

中医先辈们发现了茄子的药用价值,根据《滇南本草》《本草拾遗》《证类本草》医学古籍中记载，茄子本性凉寒、无毒，具有除劳气、治瘫痪、治胀气、治冻疮、消肿等功效。

55. 茄子的地方特色有哪些?

我国国土面积辽阔，民族众多。加之茄子的家族种类繁多，人们对茄子的喜爱随地域不同而不同。

北京、天津、河北、内蒙古中部、河南部分地区、山东北部和山西大部分地区，以食用圆形茄子为主。

黑龙江、吉林、辽宁和内蒙古东部一些地区，以食用黑紫色长棒形茄子为主，上述个别区域喜食绿皮卵形茄子。山东西南、中部及东部沿海也以食用黑紫色长棒形茄子为主。

江苏南部、浙江、上海、福建、台湾地区，主要以食用紫红色长条形茄子为主。

安徽、湖北、湖南、江西等地，茄子地方品种较多。主要食用紫红色长棒形或卵圆形茄子。同时，绿色和白色果皮品种也有一定食用数量。

广东、海南和广西，这些地区以食用紫红色长果形品种为主，伴有部分白色和绿色果皮类型。

56. 山东地区茄子的茬口是怎样安排的？

山东地区茄子的栽培模式为日光温室越冬一大茬。9 月中旬定植商品苗，翌年 6 月拔秧。

57. 茄子种植前的注意事项有哪些？

茄子植株是个大块头作物，生长需要精心呵护，需要充足的营养，适宜的温度和湿度。定植种苗前，需要把大棚里所有杂草及前茬作物清理干净，高温闷棚 15 天，给大棚彻底蒸个桑拿，消灭各类病菌及害虫，大通风 3 天。给棚内土地喝够水、上足够的营养：每亩地施腐熟农家肥 3 000～4 000 千克、过磷酸钙 50 千克。深翻细耕，按照小行距 60 厘米、大行距 80 厘米、垄高 25～30 厘米，起垄做畦。定植前 3 天，高锰酸钾及甲醛按照 1：1 比例混合，产生烟雾，进行空气消毒，密闭消毒 24 小时后，杀死各种细菌及真菌，再次通风。

58. 茄子种植时的注意事项有哪些？

大棚消毒完毕后，可以栽苗了。每隔半米栽 1 株，栽完后，浇大水，让茄子 1 次喝个饱。7～10 天后，用小锄头轻轻划开茄子茎基部四周的泥土，松土后可让茄子根部透气，使得根系继续往深处伸展，从而有利于吸取土壤中的各种养分。定植后 15～20 天，就可以看到花蕾了，茄子就进入了开花结果期。

59. 茄子留果时的注意事项有哪些？

茄子开花，是从植株下部往上逐渐进行的。茄子第 1 朵花长成的果实，称之为"门茄"。因为这个果实就像在植株的大门口一样。门茄往上，会分出 2 个侧枝，这 2 个侧枝上开花结的果，即"对茄"，意思就是 1 对茄子。每个对茄上再分 2 个侧枝，会结 4 个果子，这个位置的果实，叫"四门斗"，以此类推，"四门斗"上分枝后长成的 8 个果实，称为"八面风"，然后就是"满天星"了。

然而，在大棚里种植茄子，不会让植株分出那么多的侧枝。从对茄开始，每次分枝只留 1 个侧枝，这样茄子植株呈 Y 形。此时，用绳子绑住 2 个侧枝，螺旋状向上缠绕，绳子另一头系在植株上方悬挂的铁丝上，支撑植株生长。茄子花为雌雄同蕊的两性花，开花时应进行人工授粉，或者使用植物生长调节剂，促进坐果。

60. 茄子果实成熟时的注意事项有哪些？

茄子果实由下往上，依次成熟。门茄像鸡蛋大小时，要施复合肥 10～15 千克/亩，促进果实健康苗壮地发育。果实成熟后及时采收，再次追肥，随水冲施复合肥或者生物菌肥 15～20 千克/亩。摘掉植株下方的老叶。盛果期如遭遇低温寡照的气候，要注意给大棚保温，棚内悬挂补光灯，科学通风，给茄子一个适宜的生长环境。

61. 茄子主要的病虫害有哪些？如何防治？

茄子的生长会遭遇各种真菌类病害及虫害的侵袭。真菌类病害如黄萎病、绵疫病、褐纹病、灰霉病及疫病。虫害主要是蚜虫、粉虱、茶黄螨、红蜘蛛、蓟马、菜蛾、蜗牛及瓢虫等。

真菌类病害可使用多菌灵、百菌清、甲基硫菌灵、氢氧化铜进行防治。虫害可使用 10％吡虫啉、10％异丙威、哒螨灵、乙基多杀菌素、虫酰肼等进行防治。

第七章

大白菜

62. 大白菜起源于哪里?

大白菜属十字花科芸薹属芸薹种大白菜亚种,目前在中国所有蔬菜中栽培面积最大,消费量最高。

大白菜的祖籍就是中国。在新石器时期的西安半坡原始村落遗址中,考古专家就发现了大白菜的种子。说明早在 6 000～7 000 年前的新石器时期,人类可能就已经开始种植大白菜了。

63. 大白菜名字的来源是什么?

据历史记载,最早的名字不叫大白菜,叫"葑"。《诗经·邶风·谷风》有云:"采葑采菲,无以下体。"

大约在秦汉时期,因大白菜"凌冬晚凋,四时见长,有松之操",又被改名为"菘"。"岁寒三友"应该加上大白菜,变成"岁寒四友"才对。再来个"菜中四君子"评选,那大白菜肯定位居榜首了。

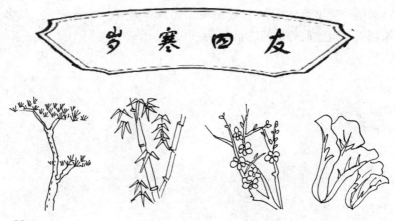

到了南北朝时期，大白菜已经很受人们欢迎了。据南朝《南齐书·周颙传》记载，文惠太子问佛学家周颙："菜食何味最胜？"周颙回答说："春初早韭，秋末晚菘。"可见当时大白菜已经被视为美食了。菲也好，菘也罢，古时候的大白菜和现在的大白菜还是有很大区别的。那时候的大白菜，不是今天叶子紧抱成球的样子，叶子比较蓬乱。

到了宋代，《图经本草》里对白菘口感的描述已经很像现今的大白菜了。元代的《饮膳正要》所绘制的大白菜的画像，呈抱合状，为半结球白菜，开始出现它们今天的样子。也是从元代时，民间开始称其为"白菜"。有学者认为，结球白菜，如它们现在的样子，可能形成于元明之间。也有学者认为，结球白菜最早出现于宋初。

宋朝以前没有我，你记住了吗！

至于自然包心的白菜到底是什么时候培育成功的，史料上没有明确的记载。实际上在明清的一些名画中，所画的是不结球或半结球状态。关于大白菜的名字，一直到民国时期，菘和白菜二名还是兼用的。

明清是大白菜的品种培育和栽培发展的重要时期。明代时，不结球白菜在我国南北方各地都有明显的发展。到了清代，对于大白菜的栽培迅速崛起，逐步形成了长江以南以不结球白菜为主，长江以北以栽培结球大白菜为主的格局，并且开始有了著名的大白菜产区。

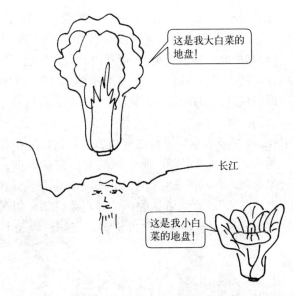

64. 大白菜的代表品种有哪些?

时至今日，大白菜已经成为我国所有蔬菜中栽培面积最大，也是总产量最高的。以前的大白菜，产量低、结球性差、品质差，在北方只能秋季一季种植，是我国北方秋冬的当家菜。现在的大白菜，走过悠久的历史长河，经过几千年的时间洗礼和历史选择，产生了形态各异、品质优良、产量高、抗病性强的各种优良品种，并且可以实现多季种植，周年供应。

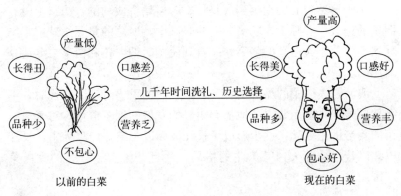

以前的白菜　　　　　　　　　　现在的白菜

不同的地区还拥有了各自的代表性品种和地标品牌，比如山东胶州大白菜、泰安黄芽白、唐王小根、德州香把子、北京青白、天津青麻叶、东北大矮白菜等。其中山东的胶州大白菜，曾

我是国礼我骄傲！

胶州大白菜

在 1949 年被伟大领袖毛主席指定作为斯大林贺寿的国礼。

育种家们还选育出了拥有不同肤色和内涵的大白菜。大白菜的外表有绿色、浅绿色和紫色等，其内芯也有白色、黄色、橘红色、紫色等。这些颜色都是大自然赐予的，是自然变异和进化的结果，被育种家在选育过程中保留了下来，与转基因无关。不同的颜色让大白菜的营养更丰富，例如，橘红心大白菜中类胡萝卜素含量更高，紫色大白菜中花青素含量更高，大家可以放心食用。

65. 大白菜的家族是怎样的？

经过几千年的变异和分化，大白菜拥有了一个庞大的家族。小油菜、快菜、菜心等都是它的亲戚。芜菁、薹菜、紫菜薹这些和大白菜长的一点也不像的蔬菜，都是在漫长的进化过程中逐渐分化出来的白菜类蔬菜。除了芜菁是根菜之外，小油菜、快菜、菜心、薹菜、紫菜薹等也都是常见的叶菜类蔬菜，是人们餐桌上的常客。它们和大白菜一起，丰富了蔬菜的世界。

小油菜　　　　快菜　　　　紫菜薹　　　　薹菜　　　　菁芜

66. 大白菜的营养价值与药用价值有哪些？

大白菜不光口感好，产量高，还含有丰富的各类维生素、类胡

萝卜素、膳食纤维、多种微量元素（钙、铁、锌、钼、硒等）、蛋白质和糖类等。大白菜体内的维生素 C 和维生素 E，对人类具有很好的护肤和养颜功效。它们含有丰富的纤维素，具有润肠、排毒、促消化的功效，对于预防肠癌有良好的作用。其体内还有吲哚-3-甲醇、异硫氰酸盐等多种重要的抗癌物质，对人类具有良好的保健作用。在我国，素有"百菜不如白菜"之说，大白菜可是当之无愧的"百菜之王"。虽然它是"百菜之王"，但价格实惠。

67. 山东地区大白菜的茬口是怎样安排的？

山东（黄淮海）地区一般在 8 月中下旬播种，11 月上中旬收获。这段时期的温度、光照和气候条件最适宜种植大白菜，白菜长势好，病虫害少，不易抽薹，容易管理，口感也好。有些耐抽薹的大白菜品种也可春季种植，春季种植大白菜要注意温度不能太低（最低温度不低于 13 ℃），否则容易抽薹，影响大白菜的品质。部分耐热大白菜品种也可夏季种植，夏季种植大白菜要注意后期温度不能太高，否则影响大白菜结球。总之，选择合适的品种，安排好茬口，可实现大白菜多季种植。

68. 大白菜的土壤管理技术有哪些？

大白菜一般选择地势平坦、排灌方便、土壤耕层深厚、土壤结构适宜、理化性状良好的地块种植，以粉沙壤土、壤土及轻黏土为宜。整地之前施足底肥，每亩优质有机肥用量 5 000～6 000 千克、磷酸二铵 25 千克、过磷酸钙 30 千克、微生物肥料 60 千克、耕翻后耙细、整平。最好起垄种植，垄距 40～65 厘米，垄高 15～20 厘米，垄下设排水沟。排水好的地块也可平畦栽培，整平后做成 1.5 米宽的平畦，按 40～65 厘米的株行距划沟播种，覆土 1 厘米。

69. 大白菜的种植技术有哪些？

大白菜可直播，也可育苗后移栽。直播每亩用种 80～100 克，育苗移栽每 1 平方米苗床用种 1.5～2.0 克。采用条播法或穴播法进行播种，定苗时株距 40～65 厘米。直播情况下，间苗应进行 4 次。幼苗出土后，每隔 6～7 天进行 1 次间苗。第 1 次留苗 5～6 株，第 2 次留苗 3～4 株，第 3 次留苗 2 株，第 4 次间苗（定苗）留 1 株。如果采用育苗移栽方式，则苗龄为 18～20 天，幼苗具有 5～6 片叶时，将 2～3 株一起带土移栽，缓苗后 5～6 天，定苗留 1 株。

70. 大白菜的需肥规律是什么？

定苗后当幼苗长到 8～10 片叶时开始追施莲座肥（每亩于植株间施入腐熟有机肥 1 500 千克，或氮磷钾复合肥 25 千克）。结球期追肥 2 次。第 1 次在莲座叶全部长大，植株中心幼小球叶出现卷心时（每亩于行间沟施硫酸铵 20 千克、过磷酸钙及硫酸钾各 10～15 千克），15～20 天后进行第 2 次追肥（每亩顺水施入氮磷钾复合肥 20 千克）。另外还要注意经常保持土壤湿润，及时浇水。

71. 大白菜主要的病虫害有哪些？如何防治？

大白菜较常见的病害有病毒病、软腐病和霜霉病，常见的虫害主要有菜青虫、小菜蛾、甜菜夜蛾、菜蚜和甜菜夜蛾等。

对于大白菜病虫害，应采取预防为主、综合防治的措施。应优先采用农业防治、物理防治、生物防治，配合施用农药防治。应选用抗（耐）病优良品种、播前种子消毒处理、实行轮作倒茬、放置粘虫黄板或张挂铝银灰色或乳白色反光膜等方式，均可防治病虫害。严禁施用高毒、高残留农药。

72. 大白菜收获后如何储存？

山东（黄淮海）地区大白菜一般在"立冬"至"小雪"之间，土地封冻前收获完毕。收获后的大白菜如果不能及时运出菜地，应就地堆码起来。堆码时菜根朝里，菜叶朝外，上部用老叶覆盖起来，既可防冻，也可防止受热腐烂。

第八章 甘 蓝

73. 甘蓝起源于哪里？

因为甘蓝长得很像大白菜，中国老百姓就给它取了个俗名叫"圆白菜"，又称为"洋白菜"。甘蓝的祖籍不是中国，它起源于地中海沿岸和西北欧的海滨地区。

74. 甘蓝在我国蔬菜供应中的地位如何？

根据甘蓝的性状特点称呼其为卷心菜或包心菜，或者结球甘蓝、疙瘩白，东北称之为大头菜。

甘蓝的适应性非常强，其产量稳定、耐储运，所以到中国很快就发展壮大起来，为中国蔬菜事业的发展贡献了重要力量。

75. 甘蓝的地方特色品种有哪些？

由于地理条件和气候的不同，在我国的不同地区甘蓝还产生了各具特色的地理标志性品种，如河南省新野县的新野甘蓝、四川省广元市朝天区的曾家山甘蓝、陕西省太白县的太白甘蓝、重庆市武隆区的武隆高山甘蓝等。不同品种的甘蓝口感不同。

76. 甘蓝的种类有哪些？

甘蓝的形状有圆形的、扁圆形的还有尖头的，其颜色有绿色的、紫色的和白色的。甘蓝的不同形状和颜色，都是自然变异与分化的结果，与转基因无关。

虽然甘蓝和我国的大白菜长得很像，但在蔬菜界，可不能以貌取菜。像花椰菜、青花菜、芥蓝、球茎甘蓝、抱子甘蓝、羽衣甘蓝等这些外表看起来和甘蓝不接近的蔬菜，却是它的近亲。

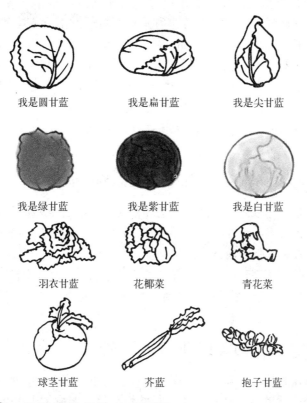

我是圆甘蓝	我是扁甘蓝	我是尖甘蓝
我是绿甘蓝	我是紫甘蓝	我是白甘蓝
羽衣甘蓝	花椰菜	青花菜
球茎甘蓝	芥蓝	抱子甘蓝

77. 甘蓝的营养价值有哪些?

甘蓝含有丰富的蛋白质、糖类、膳食纤维、胡萝卜素、叶酸、各种维生素和微量元素等。特别是其中的维生素U,只存在于甘蓝和少数绿叶蔬菜中。甘蓝是世界上公认的保健蔬菜。在我国,素有"百菜不如白菜"之说,原产于中国的大白菜被称为"百菜之王";而西方人则认为,甘蓝才是"菜中之王",能治百病。也有人认为甘蓝的营养价值如人参,因此,又称"高丽菜"。

78. 甘蓝的药用价值有哪些?

甘蓝富含甲硫丁氨酸,有促进溃疡面愈合的功效,对胃溃疡等症状效果良好。它含有丰富的硫元素,还有防治皮肤炎症的功效,能够缓解湿疹、皮肤瘙痒等多种皮肤炎症。甘蓝含有丰富的铁元素，能够增加体内造血细胞的再生，防治贫血。甘蓝中还含有丰富的维生素 C，200 克甘蓝中所含的维生素 C 是一个柑橘的 2 倍。

甘蓝还具有很好的消炎止痛的功效，能够减轻关节疼痛症状，并且还能够防治感冒引起的咽喉疼痛。另外，它还具有抵抗病毒的良好功效，能够有效抵抗呼吸道病毒，预防感冒。因此，在冬春感冒的高发季节，应当常吃甘蓝。

79. 山东地区甘蓝的茬口是怎样安排的？

山东（黄淮海）地区主要是春秋两季栽培或春保护地栽培，在冬季最低温度不低于−15 ℃的地区可实现越冬种植。越冬甘蓝的结球期在冬季低温阶段，病虫害少，容易管理，几乎不用农药，是标准的无公害蔬菜。通过选择合适的甘蓝品种和合理安排茬口，可实现在每年 12 月至翌年 4 月新鲜甘蓝供应的淡季上市，经济效益可观。

80. 甘蓝的底肥管理技术有哪些？

甘蓝栽培宜选择土层深厚、有机质含量丰富、排灌水方便、土质疏松肥沃的壤土或沙质土，忌酸性土壤，土壤 pH 为 6.0～7.0 为宜。整地之前施足底肥，结合深翻施适量腐熟有机肥（每亩 3 000～5 000 千克）和三元复合肥（N∶P∶K 为 15∶15∶15，每亩 30～50 千克）。甘蓝常采用平畦种植，畦面宽 100 厘米，可种植 3 行，株距 30～40 厘米，也可根据甘蓝品种本身的特点调整畦面宽和株行距。

81. 甘蓝的种植管理技术有哪些？

甘蓝可采用垄面穴播的方式进行直播，每穴 4～5 粒种子，每亩用种 100～150 克，播后覆细土 0.5～1.0 厘米，并及时覆膜；2～3 片真叶时进行第 1 次间苗，每穴留 2～3 株；5～6 片叶子时，结合中耕定苗。也可育苗后移栽，每平方米苗床播 15～30 克种子，每亩栽培面积约需 50 克种子；幼苗 3～4 片真叶时进行分苗，6～8 片真叶时可移栽定植；定植宜浅栽，浇足定植水。

82. 甘蓝的肥水管理技术有哪些？

甘蓝不耐干旱，应定期浇水，并结合浇水适时适量追肥。进入莲座期，可结合浇水，每亩施复合肥 20 千克，促进茎叶生长。结球初期，进行第 2 次追肥，每亩施复合肥 25 千克。叶球生长盛期，进行第 3 次追肥，每亩施复合肥 25 千克，促进叶球紧实。生长期宜进行 3～5 次叶面追肥，为防止球裂及黑斑病的发生，可在结球膨大期采用 0.2％的硼酸溶液进行叶面喷肥。结球期可追施钾肥（每亩 10～15 千克），提高甘蓝的品质和耐储性。

83. 甘蓝主要的病虫害有哪些？如何防治？

甘蓝主要的病害有病毒病、软腐病和霜霉病。甘蓝主要的虫害有菜青虫、小菜蛾及夜蛾等。

防治甘蓝病害，一般采用种植抗病品种、防治害虫传播媒介、加强田间栽培管理、结合药剂防治的综合防治措施。应优先采用农业防治、物理防治、生物防治，配合施用农药防治。应对甘蓝的主要害虫，可用吡虫啉液、阿维菌素或多抗霉素溶液进行防治。严禁施用高毒、高残留农药。

84. 甘蓝的采收期是如何确定的？

不同茬口种植的不同甘蓝品种采收期差异较大，根据甘蓝品种特点和种植茬口，及时采收。一般根据叶球，坚实度来判断采收时间，用手轻压叶球，坚实的即可收获。掌握采收时间是保证甘蓝高产、稳产、商品性状好的关键，过早影响产量，过迟则容易裂球影响甘蓝质量。

第九章

萝 卜

85. 萝卜起源于哪里?

关于萝卜的起源,其实大家都不确定。有人说萝卜起源于西亚,有人说它起源于我国,有人说它起源于我国和日本一带,还有人说它起源于欧洲。而且萝卜的起源地应该不止一个,而是多个。

不过可以确定的是,目前中国栽培的萝卜品种绝大部分都是起源于我国的。萝卜在我国已经有2 700年以上的栽培历史,《诗经》中就有"采葑采菲"的记载。其中的"菲"就是指萝卜,"葑"是指白菜、芜菁这一类蔬菜。

在"葑"中有一个和萝卜长得很像的品种——芜菁。起初萝卜的地位不如芜菁,但随着萝卜的口感好、栽培易等优点逐渐被人们挖掘出来,到了明清以后,萝卜的地位就上升到了芜菁之上,并且开始成为主要的大众蔬菜之一。

86. 现代萝卜是如何培育的?

原先在生产中,人们主要看重的是萝卜的产量,育出了一批大型的高产品种,也成就了那个拔萝卜的歌谣。

拔萝卜,拔萝卜,嘿哟嘿哟拔不动……

随着生活水平的提高、消费观念的转变,现在人们更关注萝卜的外观、营养等品质，并且更倾向于中小型品种。

为了改良萝卜的产量、外观、营养等性状，人们做了大量的育种工作，包括自交纯化、杂交育种、细胞工程技术及分子生物技术辅助育种等。

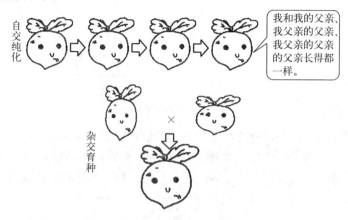

87. 特殊萝卜品种是如何培育的？

过去，在中国基本没有耐抽薹和耐热的萝卜品种，春季种植萝卜会因为低温使得肉质根膨大前植株抽薹开花，影响产品品质，夏季高温会导致植株生长势弱，并且病虫害严重，所以萝卜主要作为秋季蔬菜。现在，经过育种专家们的努力，通过不断地自交和杂交试验，春季耐抽薹和夏季耐热的萝卜品种都已经被培育出来。目前，萝卜已经可以周年供应，只要有需要，它们随时可以出现在餐桌上。

88. 好吃好看的萝卜品种如何培育?

除了品种的自身特性,萝卜的产量和品质还因种植和管理技术不同差异很大。土壤、水肥管理等条件不适宜会导致萝卜出现分叉、弯曲、裂根、有苦味等问题。反之,科学合理的栽培管理可以让萝卜长得既好看又好吃。

89. 萝卜的家庭成员有哪些?

萝卜家族非常庞大,除了有个头大小的区别,还可以按照形状分为圆形、扁圆形、圆柱形、卵形等。根据颜色可以分为绿皮绿肉、绿皮红肉(心里美)、白皮白肉、红皮白肉、紫皮紫肉等。此外,萝卜家族还可以根据叶片的形状、栽培季节、用途等进行分类。

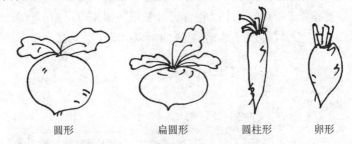

圆形　　　　扁圆形　　　　圆柱形　　卵形

90. 萝卜的药用价值有哪些?

除了好吃好看,萝卜还有很多保健功能。大致可以概括为解毒生津,止咳喘;健脾和胃,助消化;通气利便,美容养颜;降脂降压，强体魄；抑菌杀虫，防癌症，等等。

冬吃萝卜夏吃姜，不用医生开药方！

了解！

91. 萝卜的代表品种有哪些?

正所谓一方水土养一方人，萝卜也是如此。在中国幅员辽阔的大地上遍布着萝卜家族的成员，大家因为每个地方的土壤环境、气候条件等差异形成了各自的特点。那些特别优秀的脱颖而出，成为当地有名的特产，如山东潍坊的潍县萝卜、天津的沙窝萝卜、贵州威宁的威宁白萝卜、四川南充市仪陇县的仪陇胭脂萝卜等。

潍县萝卜
(烟台苹果莱阳梨，不如潍坊萝卜皮)

沙窝萝卜
(沙窝萝卜就热茶，闲得大夫腿发麻)

威宁白萝卜

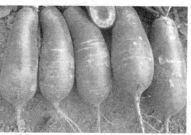

仪陇胭脂萝卜

92. 古代人如何食用萝卜?

在明代,医药学家李时珍曾盛赞萝卜"可生可熟,可菹可酱,可豉可醋,可糖可腊可饭……"

93. 山东地区萝卜的茬口是怎样安排的?

山东(黄淮海)地区一般在8月中下旬播种,初冬收获。这段时期光照充足、昼夜温差大,萝卜个头足,吃起来甜脆可口,是萝卜的最佳栽培季节。春季容易抽薹,夏季雨水和病虫害多且萝卜辣味重,所以这两个季节不太适宜种植水果萝卜。

94. 萝卜的种植管理技术有哪些?

萝卜的食用器官是肉质根,根受伤后会分叉,因此,种植萝卜需将种子直播到地里,不能育苗移栽。土层深厚疏松、排水良好、肥力好的沙壤土最适宜萝卜生长,整地前施足基肥,一般每亩3 500~4 000千克腐熟农家肥,或1 000~1 500千克优质商品有机肥。一般选择起垄栽培,优点是土质疏松、排灌方便,萝卜生长整齐、病害少。若垄宽65~70厘米,每垄种植两行;垄宽50~55厘米,则单行播种,株距25~30厘米。在干旱少雨地区,可采用平畦栽培。

播种时,在垄上开沟,沟深2厘米左右,按25~30厘米穴距,每穴播3~5粒种子,播后覆土并浇透水,秋季3天即可出苗。苗期要进行2~3次间苗,第1次将过密、子叶畸形等幼苗去掉,2~3片真叶时第2次间苗,每穴留2~3株苗,最后定苗时每个穴中只留1株苗。萝卜在苗期时应该经常疏松表层土壤、除掉杂草,定苗后还要进行1次追肥。

95. 萝卜种植时如何进行肥水管理?

萝卜和其他大部分蔬菜作物一样喜欢湿润的土壤,缺水会长毛根、叉根,变得又硬又辣。如果浇水不及时,就会产生裂根。定苗后萝卜进入肉质根迅速膨大期，喜水又喜肥，每亩可追施尿素10～15千克;肉质根膨大中期，每亩施用15～20千克氮磷钾复合肥，还要使土壤经常保持湿润，直到采收前1周停止浇水。

96. 萝卜主要的病虫害有哪些? 如何防治?

萝卜较常见的病害有病毒病、霜霉病和软腐病。

病毒病在高温干旱条件下易发生，因此，苗期主要是防控病毒病，可通过适当延迟播期，选用抗病品种，杀灭蚜虫减少传毒等手段进行防治。霜霉病在湿度大、温度较低的条件下易发生，防治方法包括选用抗病品种、合理轮作、加强田间管理及药剂防治等，常用药剂有百菌清、甲霜灵和烯酰吗啉等。软腐病的发病条件是多雨高温，主要防治方法有选用抗病品种、加强栽培管理，以及利用噻唑酮和叶枯唑等进行药剂防治。总之，萝卜的病虫害应以预防为主，如果发生了，要尽量采用生物农药、高效低毒低残留农药。

97. 萝卜最佳的收获期怎么确定的?

山东（黄淮海）地区多在10月底至11月上旬，霜冻来临前（－1℃）收获。需延迟供应或延长新鲜供应期时，可用拱棚加草帘覆盖，无论何种保温措施，在棚内气温降至－2℃以前均应及时收获。收获后把萝卜的根顶切去，这样可以有效延缓萝卜糠心，使口感较脆。

第十章 胡萝卜

98. 胡萝卜起源于哪里?

好多人称呼胡萝卜为萝卜,其实除了它们都是从土里安家长大,相似之处很少。胡萝卜的名字来源于李时珍《本草纲目》中"元时始自胡地来,气味微似萝卜,故名"。也有史料说是张骞从西域把胡萝卜带到中国的。

大家一看"胡"姓就知道我肯定不是本地人,我来自胡地,长的像萝卜,因此而得名。

99. 胡萝卜与萝卜的区别有哪些?

胡萝卜属于伞形科胡萝卜属,与来自十字花科的萝卜在外观、口感等很多方面都有着明显的差别。还有一句农谚"七月萝卜,八月白菜",介绍种植的时间,其实其中的萝卜指的也是胡萝卜,大家注意分辨。

100. 胡萝卜的色彩有哪些?

大家常见的胡萝卜是橙色的,这几乎也成了它的代表色。很久以前,胡萝卜有很多种颜色,但是由于人们都乐于选择橙色的胡萝卜种植,因此,其他颜色的胡萝卜日渐稀少。

值得庆幸的是,从 2002 年,彩色的胡萝卜又回来了。它有了一个好听的名字：彩虹萝卜。一般大家公认更健康的食品口味可能较差，但彩虹萝卜却独树一帜，它外观好看，营养价值高，味道更甜美。

101. 胡萝卜的营养价值有哪些？

胡萝卜号称"小人参"。它富含丰富的胡萝卜素，可以改善夜盲症，还具有抗氧化功能的胡萝卜素。

102. 胡萝卜的药用价值有哪些？

常食胡萝卜可以调节人体免疫力，增加寿命，所以其被称为益寿之菜。此外，胡萝卜还有降低心脏病发生的风险、防止过敏等功能。

103. 胡萝卜常见的类型有哪些？

目前，胡萝卜家族在我国栽培的品种繁多，主要分布在华北、西北地区。根据肉质根的颜色，可以分为黄色、红色、紫色和橙色四种类型。又因肉质根的性状不同，可以分成圆锥形和圆柱形两种类型。根据用途不同，胡萝卜还可以分成生熟食兼用类型和加工用类型。此外，对它们的分类标准还有肉质根长短、栽培季节等。

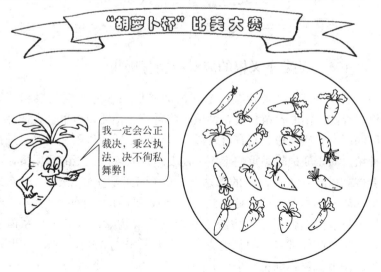

"胡萝卜杯"比美大赛

我一定会公正裁决，秉公执法，决不徇私舞弊！

104. 胡萝卜的家族成员有哪些?

近几年,迷你胡萝卜越来越受到大家的追捧。广义上的迷你胡萝卜包括天然的小胡萝卜和切段胡萝卜两种。前者是指根呈小圆柱形,根长约 10 厘米,茎粗约 1.5 厘米的胡萝卜品种,而后者则是由成熟的大胡萝卜加工切成的 5 厘米左右的段。

105. 胡萝卜加工的产品有哪些?

除了常见的生、熟食之外,胡萝卜还可以进行各种类型的加工。采收后经过精选、整理、速冻、包装等步骤加工成速冻胡萝卜,可延长胡萝卜的保质期并使其远销海外。胡萝卜还可以加工成更高级的产品,包括胡萝卜汁、脱水胡萝卜、胡萝卜泥及添加剂等。

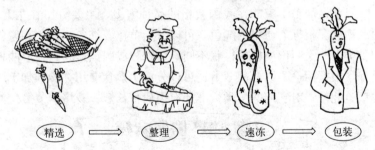

精选 ⟹ 整理 ⟹ 速冻 ⟹ 包装

106. 胡萝卜叉根的应对措施有哪些?

胡萝卜是根菜类蔬菜,苗期根部受伤很容易产生叉根和畸形根,因此,不能育苗移栽,种植时将种子直接播到地里。宜选择土层深厚、土质疏松、富含有机质、排灌方便的沙质壤土或壤土进行种植。对于质地较黏重的土壤,需要增加农家有机肥的施用量,或者在翻耕时施入一定量的草木灰,进行土壤改良。整地一般有平畦、高畦和高垄栽培 3 种方式。高垄栽培由于具有便于集中养分,加大昼夜温差,提高土壤疏松和透气性等优点,有利于根系的发育,是目前较常采用的整地方式。具体操作方法是,按 25~30 厘米的深度翻耕,细耙整平后起垄,垄距约 50 厘米。

107. 山东地区胡萝卜的茬口是怎样安排的?

山东地区秋季露地胡萝卜在 7 月中旬至 8 月初播种。

108. 胡萝卜种植时的注意事项有哪些?

播种时，做平垄顶后开双沟，沟深 1.5～2.0 厘米，将种子均匀播入沟内，覆土耙平。每亩用种量 1.0～1.5 千克。幼苗期通常需要间苗 2～3 次，在 1～2 片真叶时进行第 1 次间苗，在 4～5 片叶时定苗，定苗距离约为 10 厘米，大型品种 13～15 厘米。胡萝卜播种时正值高温雨季，杂草生长快，通常应结合间苗进行中耕除草。

109. 胡萝卜的肥水管理技术有哪些?

胡萝卜耐旱能力较萝卜强，但为了保证丰产，也需要合理供给水分和肥料。胡萝卜出苗较慢，苗期要经常保持土壤湿润，同时注意雨季排涝。叶片生长盛期，肉质根生长量较小，应适当控制浇水，防止叶部徒长，使地上部与地下部平衡生长。肉质根膨大期是需肥、需水最多的时期，应及时灌水，使土壤经常保持湿润状态，否则容易使肉质根木栓化且侧根增多。追肥以速效肥为主，整个生长期需追肥 2～3 次。肉质根长到手指粗时进行第 1 次追肥，每亩施硫酸钾 10～15 千克和复合肥 15～20 千克，结合浇水冲施，随后每隔 15 天左右追肥 1 次。

110. 胡萝卜主要的病虫害有哪些? 如何防治?

胡萝卜病害较其他蔬菜少，主要有黑腐病、黑斑病和细菌性软腐病等。危害胡萝卜的地上害虫主要有胡萝卜微管蚜和茴香凤蝶，地下害虫主要有蛴螬和蝼蛄等。

黑腐病在整个生长期均可发病，危害胡萝卜的各个部位。防治黑腐病应注意选用无菌种子，及时清除田间病株残体，储藏前剔除病、残及受伤的胡萝卜。药剂防治可选用代森锌、甲霜灵锰锌等；

黑斑病在高温干旱条件下易发病，主要危害叶片。主要通过加强田间管理，防止干旱，以及及时清洁田园，集中处理病株等措施防治。药剂防治可选用多菌灵、甲基硫菌灵等；细菌性软腐病发病适宜温度为27～30℃，可由昆虫、雨水传播，通过伤口入侵。防治方法主要是实行轮作，及时清洁田园，通过防治地下害虫和注意农事操作减少伤口产生。

防治虫害的药剂有链霉素、氯霉素等。防治时尽量采用保护天敌、人工捕杀、毒饵诱杀等方法，药剂防治应选用低毒低残留农药。

111. 胡萝卜采收期如何确定？

山东地区多在11月上中旬上冻前收获。收获时间除根据天气情况外，还要根据品种的生长期确定。收获过早，产量低；收获过晚，肉质根容易木栓化，导致品质下降。收获后留3～4厘米长的叶柄，清洗包装后即可出售。

第十一章　洋　葱

112. 洋葱起源于哪里？

新疆称呼洋葱为"皮芽子"，是因为在波斯语中洋葱的名字是"Piyaz"，由于它营养丰富、口感好等优点，深受欧美国家人们的追捧，他们"尊称"洋葱为"蔬菜皇后"。

洋葱起源于中亚，在那里至今还能找到其祖先。

113. 我国洋葱的栽培从何时开始？

古埃及人类就已经开始食用洋葱，至今已有 5 000 多年的历史了。但洋葱来到中国只有 100 多年。起初洋葱在南方沿海地区种植，随后逐渐传到北方。

洋葱奶奶好！

别把我叫那么老，我只是"历史悠久"～

古时候，洋葱可是珍贵物品，除了食用还有很多其他价值。在古埃及、古希腊、古罗马，一头洋葱可以换十只鸡腿，它还可以作为女子出嫁的嫁妆。在阿拉伯地区，人们将洋葱视为圣物，供奉在神像前，表示虔诚。中世纪的欧洲骑士在出征时，要在胸前挂上洋葱，认为这样可免受兵器的伤害。

盾牌和洋葱都有了，这下安全了！

刚来中国时，洋葱有很多缺点，葱球形状不好、产量低、品质差，而且不能一年四季周年供应。经过育种工作者不断努力，现在的洋葱，可以3~9月全国各地持续新鲜上市，而且产量高、品质好，经储存后可以周年供应。

洋葱供应时间表

洋葱天天见！

114. 洋葱的性状有哪些?

洋葱分为普通洋葱、分蘖洋葱和顶球洋葱3种，其中，人们经常见、经常吃的洋葱就是普通洋葱。普通洋葱根据葱头的形状可以分为圆球形、扁圆形和高桩形等。

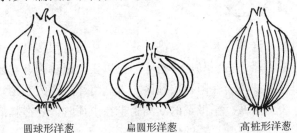

圆球形洋葱　　　　　扁圆形洋葱　　　　　高桩形洋葱

115. 洋葱的颜色有哪些?

洋葱的外皮颜色有很多种,主要是白色、黄色和红色,黄色和红色洋葱又因颜色的深浅不同,可以分为浅黄色、黄铜色、浅红色和深红色等。目前,在中国栽培的主要是黄皮种和红皮种。洋葱的这几种"肤色"都是自然变异和选择进化的结果,与转基因无关。

| 白皮 | 黄皮 | 红皮 |

相比之下,红色的洋葱营养更丰富,花青素含量高。随着生活水平的提高、消费观念的转变,现在的人们对洋葱的外观和内在营养等提出了更高要求,更倾向于深红色(紫色)圆球形品种。

116. 洋葱的营养价值和药用价值有哪些?

洋葱体内除了富含蛋白质、糖类、膳食纤维、维生素和矿物质等营养物质,还有一些特殊营养物质,包括前列腺素 A、有机硫化合物等。洋葱营养丰富,具有很多保健功能,如刺激胃、肠等的消化液分泌,促进消化;舒张血管,降低血压;杀菌消炎等。

19 世纪 60 年代，北军士兵中不少人患上了痢疾，总司令向总部告急，运了满满三列车洋葱才治好了部队遭受到的痢疾和其他部分疾病，使战斗力迅速恢复。

117. 不宜食用洋葱的人有哪些?

虽然多吃洋葱有很大好处，也不要过量，食用过量容易出现胀气。患有皮肤瘙痒及胃炎、肺炎的人，还须熟食洋葱。另外，由于洋葱切开时会产生一种带有硫黄的气体，刺激泪腺分泌眼泪，所以一些患有眼睛疾病的人要尽量避免切洋葱。

118. 洋葱的代表品种有哪些?

不同的地区拥有各自的代表性品种和地理标志产品，比如，山东平度的仁兆洋葱、甘肃的酒泉洋葱、云南的建水洋葱、四川的西昌洋葱、黑龙江的梅里斯洋葱等。

119. 山东地区洋葱的茬口是怎样安排的?

洋葱在山东（黄淮海）地区是跨年栽培的蔬菜，一般 9 月上中旬播种育苗，第二年 5 中下旬至 6 月初收获。生长期长，而且不能在冬暖大棚中栽培。由于经过了寒冷的冬天，积累了较多糖分，所以长成的洋葱生吃也不是很辣，而且还带有甜味。

120. 洋葱的土壤管理技术有哪些?

洋葱种子小，为钩状出土，出土困难，且幼苗根系浅，对肥水吸收能力弱，幼苗期长，所以一般进行育苗移栽。育苗时一般每平方米播种 5 克种子，覆土 2 厘米左右。苗龄达到 55～60 天、植株有三叶一心或四叶、发育成为壮苗时，就可以进行移栽了。移栽前，先整地做畦。洋葱喜欢肥沃疏松、通气性好的中性壤土，在山东一般进行平畦栽培。整地前施足基肥，每亩 5 000 千克左右腐熟农家肥，或优质商品有机肥 1 000～1 500 千克，氮磷钾三元复合肥 100 千克。平整好的地浇足水，水下渗后喷专用除草剂，然后覆盖地膜。

移栽时，在膜上按 15 厘米×15 厘米株行距打孔，孔深 3 厘米左右，每孔栽植 1 株葱苗，以埋住基部 2～3 厘米为宜，并将葱苗根部的土压实。定植后 7 天左右浇 1 次缓苗水。12 月中旬浇足越冬水以利于洋葱安全越冬。第二年 3 月上旬返青时，及时浇返青水。

121. 洋葱的肥水管理技术有哪些？

洋葱和其他大部分蔬菜作物一样喜欢湿润的土壤，缺水会导致鳞茎长不大，生吃也会很辣。洋葱进入旺盛生长期和鳞茎膨大期时，喜水又喜肥，每亩可追施尿素 10～15 千克；鳞茎膨大中期，再每亩施用 15～20 千克氮磷钾复合肥，还要使土壤经常保持湿润，直到收获前 5 天停止浇水。

122. 洋葱主要的病虫害有哪些？如何防治？

洋葱较常见的病害有霜霉病、灰霉病和紫斑病。常见的虫害有甜菜夜蛾、斜纹夜蛾、葱蛆和蓟马。

这几种常见的病害都是在湿度较大、温度较高的条件下容易发生。防治方法包括选用抗病品种、合理轮作、加强田间管理及药剂防治等。常用药剂有百菌清、甲霜灵、烯酰吗啉或苯醚甲环唑等。夜蛾类害虫可用氯虫苯甲酰胺、茚虫威和氟啶脲等药剂喷雾防治，蓟马可用吡虫啉或多杀霉素等药剂喷雾防治。在发生高峰期利用蓟马的趋蓝色习性，在田间设置蓝色粘板，诱杀成虫。

洋葱的病虫害预防应以培育健康植株和物理、生物预防为主，如果发生病害，就要采用高效、低毒、低残留农药，否则不仅对洋葱生长有影响，而且还会危害人类的健康。

123. 洋葱的采收期如何确定？

山东（黄淮海）地区多在 5 月底至 6 月上旬高温来临之前收获，因为 28 ℃以上洋葱在地里就不再生长进入休眠了。收获时把洋葱从地里挖出，叶子剪去，装袋，进行储藏或销售。

第十二章 大 蒜

124. 大蒜起源于哪里？

大蒜别名蒜、蒜头，是百合科葱属植物，属于葱蒜类蔬菜。虽然大蒜在我国种植面积世界最大，但它的祖籍不是中国。大蒜起源于中亚和地中海地区，后来在古埃及、古罗马和古希腊等地中海沿岸国家生存。

125. 我国大蒜的栽培是从何时开始的？

最初的蒜被称为卵蒜，即小蒜，并非现在的大蒜，文字记载最早见于《夏小正》"纳卵蒜"。大蒜是西汉张骞出使西域时通过丝绸之路引入的，之后在我国大面积栽培。它的种植方法在贾思勰《齐民要术·种蒜》中就有记载。东汉崔寔《四民月令》中也有"布谷鸣，收小蒜。六月、七月，可种小蒜。八月，可种大蒜"的记载。

126. 大蒜的"假茎"是什么？

大蒜的完整身体包括根、鳞茎、假茎、叶、花茎及花总苞 6 部分。鳞茎大家都叫蒜头，花茎大家都叫蒜薹。它的叶包括叶身和叶鞘，叶鞘呈管状，许多层叶鞘套在一起，形成直立的圆柱形茎秆状，由于它不是真正的茎，故称"假茎"。

127. 大蒜的种类有哪些？

大蒜的鳞茎形状多样，有扁球形、近圆球形或高圆球形。每一个鳞茎都由鳞芽组成，鳞芽大家都称为"蒜瓣"。大蒜的家庭成员非常庞大，除了蒜头大小不同外，根据外皮颜色又可分为白皮蒜和紫（红）皮蒜两种类型；根据构成蒜头的蒜瓣大小和蒜瓣数可分为大瓣蒜和小瓣蒜两种类型。

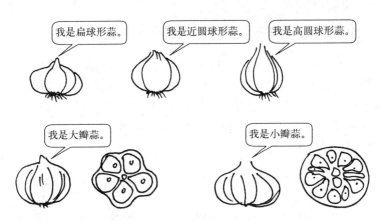

还可以根据蒜薹的有无或发达程度分为有薹蒜、无薹蒜和半抽薹蒜3种类型。根据叶片的质地和空间姿态可将大蒜分为软叶蒜和硬叶蒜。根据用途可分为头用蒜、薹用蒜、薹头兼用蒜。

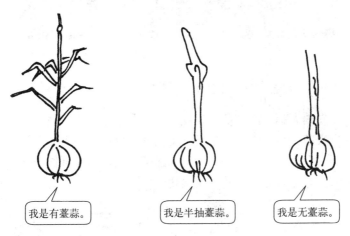

128. 大蒜品种为何更新较慢?

虽然大蒜有多种类型，但无法通过开花受精繁育后代，每年只能靠蒜瓣来繁殖，品种选育比较困难，主要通过常规系统选育和生物技术育种进行，以常规系统选育为主。因此，品种更新慢。

129. 大蒜的地方品种都有哪些?

大蒜环境适应性强,在中国分布广泛,在不同生态区域遍布着大蒜家族的成员,每个地方由于土壤环境、气候条件等差异形成了当地名优大蒜品种。比如,山东金乡的金乡大蒜、兰陵的苍山大蒜,成都的温江红七星,徐州的白蒜,新疆伊犁的红六瓣等。每个品种的大小、辣味都不同。

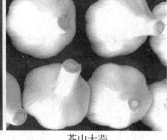

金乡大蒜　　　　　　　　　　苍山大蒜

130. 大蒜的食用价值有哪些?

原先的大蒜,产量低,品质差,而且不能一年四季周年供应;现在的大蒜,品质好,产量高,耐储藏,可周年供应。大蒜全身均可食用,蒜苗、蒜薹和蒜头均可作蔬菜食用,不仅可作调味料,而且可入药,是著名的食药两用植物。

我全身是宝。

131. 大蒜的药用价值有哪些?

大蒜含有丰富的蛋白质、低聚糖和多糖类,另外还含有脂肪、矿物质等。它具有多方面的生物活性,如防治心血管疾病、抗肿瘤及抗病原微生物等,长期食用可起到防病保健作用,它还含有丰富的含硫化合物,其特有的大蒜素有增进食欲、杀菌、抑菌、抗癌和抗衰老等医疗保健功能。

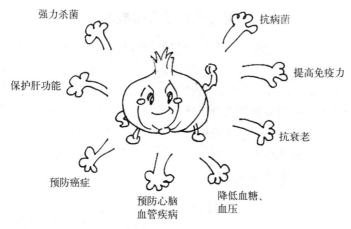

强力杀菌
抗病菌
提高免疫力
保护肝功能
抗衰老
预防癌症
预防心脑血管疾病
降低血糖、血压

大蒜的药用价值高,中医认为它味辛、性温,入脾、胃、肺,暖脾胃,有消积、解毒、杀虫的功效。汉末《名医别录》将其列为一种药材,视为治疗霍乱、肠胃炎、中毒的良药。明代李时珍总结大蒜功效为"通五脏,达诸窍,去寒湿,辟邪恶,消肿痛,化积肉食"。

132. 大蒜的加工产品有哪些?

由于大蒜具有较高的医药保健价值,国内外大蒜的加工产品多样。有粗加工产品:蒜米、蒜片、蒜粒、蒜粉、蒜泥和糖醋蒜等。精深加工产品:以大蒜素、蒜氨酸和抗氧化成分等为主要功能成分,加工成保健食品(大蒜素胶囊、蒜氨酸片等)、化妆品、饮料和饲料等。

133. 山东地区大蒜的茬口是怎样安排的?

山东（黄淮海）地区大蒜以秋季播种为主，播种时期一般在 9 月下旬至 10 月上中旬，大蒜植株通过低温春化后，在长日照和较高的温度下完成花芽和鳞芽的分化，于翌年 5 月收获蒜薹和蒜头。春季播种大蒜，由于低温不足，易形成独头蒜或无薹多瓣蒜，蒜头产量也大大低于秋播大蒜。

134. 大蒜的土壤管理技术有哪些?

大蒜鳞茎、幼株（青蒜）和蒜薹均可作蔬菜或调味品食用。大蒜根系为弦状须根，根系不发达，喜肥耐肥，对水肥反应敏感，在土壤中主要集中在 30 厘米以内的耕作层里。大蒜对土壤要求不严，肥沃的中性或微酸性沙壤土最适宜大蒜生长。整地前施足底肥，一般每亩施 5 000～8 000 千克腐熟农家肥，或优质商品有机肥 500 千克左右。大蒜栽培方式多为平畦栽培（金乡）和垄作栽培（兰陵），株行距因品种和栽培地区而异。

135. 大蒜种筛选时应注意哪些问题?

大蒜一般用蒜瓣作为种子播种。播种前，需进行蒜头和种瓣的筛选，选择无病、无霉变、无锈斑、无机械损伤或虫蛀、蒜瓣整齐的蒜头，然后掰瓣，剔除夹瓣和霉烂、虫蛀、机械损伤的蒜瓣，将整理后的种瓣装入网袋中，浸入含有广谱性杀菌剂的浸种液中 4～12 小时，捞出沥干播种。未播完的蒜种应摊开充分晾干，严禁堆放或食用。

136. 大蒜的种植管理技术有哪些?

大蒜宜浅栽，按行距开沟人工点播或机械播种，将种瓣按适宜株距直立栽入土中，覆土厚度为 2～3 厘米。播后覆土并浇透水，根据当地气候条件和种植习惯及时覆盖地膜，地膜四周压入土中。如果 9 月下旬播种气温偏高，可等苗齐后再覆盖地膜。

137. 大蒜的肥水管理技术有哪些?

大蒜肥水管理较为简单。秋末控水蹲苗;越冬前,11 月下旬至 12 月上旬浇足防冻水;翌年,大蒜返青时需浇返青水并追肥,每亩追施氮肥(N)2~3 千克、磷肥(P_2O_5)3~5 千克、钾肥(K_2O)6~8 千克,一般在清明节前后进行;植株旺盛生长期每 5~7 天浇水 1 次。蒜薹适时采收后立即浇水追肥,之后根据天气情况浇 2~3 次水,保持地面见干见湿,直至大蒜收获前 1 周停止浇水。大蒜收获采用人工或机械收获,收获后严禁太阳暴晒。

138. 大蒜主要的病虫害有哪些? 如何防治?

大蒜较常见的病害有病毒病、叶枯病、干腐病、紫斑病、灰霉病、菌核病和锈病等,较常见的虫害有根蛆、蓟马和潜叶蝇等。

目前,病毒病是危害大蒜最严重的病害之一,应选择抗病优良品种,采用脱毒大蒜作为蒜种。对种子生产进行严格管理,及时拔除病株,减少毒源,田间杀灭蚜虫减少病毒传播。大蒜的病虫害应以轮作换茬、土壤消毒、种子消毒、合理施肥等措施预防为主。大蒜病害发生后,要尽量选用生物农药或高效低毒低残留农药进行防治。

第十三章　大　葱

139. 大葱起源于哪里?

大葱属于百合科葱属葱种中的一个变种，它起源于我国西部和西伯利亚地区。那里属于中亚高山气候区，全年温差与昼夜温差都很大，夏季干旱炎热，冬季寒冷多雪，大葱既耐热又抗寒。高温炎热干燥季节，大葱临时以休眠状态来适应；严寒冬季不论在露地越冬或低温储藏，均不易受冻害，抗逆性很强。

140. 我国大葱的栽培是从何时开始的?

大葱在我国栽培历史悠久，它的祖先是野葱。《山海经》(前770—前256年)中有大葱在中国分布的记载"又北百一十里，曰边春之山，多葱、葵、韭、桃、李"。在《管子》一书中记载了大葱的迁移过程："齐桓公五年北伐，山戎出冬葱与戎菽，布之天下"。

141. 大葱的传说有哪些?

关于大葱还有一个美丽的传说。大葱的前身——葱仙女本是天上王母娘娘后花园药圃中的一种"药花"，与牡丹、芍药、菊花、玫瑰等互为姐妹。有一次，王母娘娘办蟠桃盛会，她们众姐妹闲来无事，无意间拨开云雾，偷看人间。不料却看到人间正遭受瘟婆的折磨，尸横遍野，满目荒凉。葱仙女不忍民间受难，展开双臂，羽衣飞舞，强烈的辛辣味呛得瘟婆喘不过气、睁不开眼，铩羽而归。空中的浊气也被洗得干干净净。染上瘟疫的人们只要用鼻子嗅一下葱仙女溢出的芳香，便觉精神倍增，恢复健康。但是葱仙女却因私自行动，触犯天规，被打入下界，变成了一株大葱。大葱黑色的种子撒向人间，长出了片片葱秧，从此以后，人们再也不怕瘟婆逞凶了。

142. 大葱的生命周期有多长？

大葱的生命周期很长，从一粒种子到开花结籽至少要经过一年的时间。一粒种子经过一年的生长可繁殖出上千颗的种子。

143. 大葱的类型有哪些？

根据大葱的形态与分蘖特性可分为棒状大葱、鸡腿大葱和分蘖大葱3个类型。棒状大葱像棒子一样直；鸡腿大葱像鸡腿一样，一头细，一头粗；分蘖大葱一株能分成多株。

 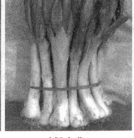 

棒状大葱　　　　　　鸡腿大葱　　　　　　　　分蘖大葱

144. 大葱的葱白是什么？

大葱埋在土里的部分一般是白色的，称为假茎，俗称葱白。但不是所有的葱白都是白色的，大葱还有红色的葱白。随着科技的进步及人们消费习惯的不同，大葱有可能会有其他颜色的葱白。

145. 大葱的家族成员有哪些？

大葱拥有一个庞大的家族，包括小香葱、韭葱、楼葱、胡葱等。

146. 吃大葱的好处有哪些？

虽然大葱的口感辛辣，可是它的好处也是很多的。第一，能增加食欲，大葱体内的挥发性物质——烯丙基硫醚能够让人开胃。第二，大葱具有超强的杀菌作用。说到大葱，杀菌这样的功效是不得不提的，它体内含有辣素等物质，具有非常强大的杀菌作用。人们在食用大葱后，特定的腺体可受到刺激，在这些部位发挥杀菌功效，并通过出汗和排尿加快废弃物排出，功效明显。第三，可以预防感冒，特别是在冬天，气温忽高忽低，人们很容易患上感冒，这个时候多吃点葱，可以改善容易感冒的状况。

大葱的根、茎、叶还可以入药，有一定的药用价值。

147. 大葱的代表品种有哪些？

经历了几千年的发展，大葱在不同的地区拥有了各自的代表性品种和地标品牌，最著名的莫过于山东的章丘大梧桐，还有寿光八叶齐、北京高脚白、华县谷葱、海洋大葱、凌源鳞棒葱、毕克齐大葱、山西鞭杆葱、宝鸡黑葱、隆尧鸡腿葱、莱芜鸡腿葱、青岛分蘖大葱、包头四六枝大葱等。其中，章丘大梧桐还曾作为明朝贡品。当时农民流传下来的四句诗歌："大明嘉靖九年庆，女郎仙葱登龙庭，万岁食之赞甜脆，葱中之王御旨封。"说明在明代，章丘大葱被封为葱中之王。

我就是葱比人高的"章丘大葱"。

148. 大葱的调味作用体现在哪里？

大葱作为食材，功劳可不小，可炒菜、煲汤、凉拌、炖肉等，餐餐美味离不开它的调味功能。没有大葱就好比汤里没有加盐，索然无味。

可别只把大葱当作调料，它也可以做成各种美味菜品。"如言

山东菜，菜菜不离葱"，比较著名的美食有大葱炒鸡蛋、煎饼卷大
葱、北京烤鸭、羊肉爆大葱、大葱木耳肉、大葱烧豆腐、大葱烧海
参、大葱回锅肉等。其中煎饼卷大葱，更是山东人的典型食物。

149. 山东地区大葱的茬口是怎样安排的？

冬用大葱栽培可春季育苗（山东一般3月中下旬）。第二年夏
季定植（山东一般6月中旬），入冬后收获、储藏、供应。这种栽
培方式生产的大葱产量高、品质好、经储藏，可供应整个冬季。

150. 大葱的种植管理技术有哪些？

由于葱苗生长缓慢，大葱栽培多采取育苗移栽的方式。大葱育
苗地宜选择土地肥沃、耕层深厚、排水良好、保水保肥的壤质土
壤。施足基肥，然后深翻整地，整地要求均、细、松、平。一般采
用平畦育苗，在畦内按20厘米行距开沟，沟深2厘米，顺沟撒播，
搂平，踏实，再浇足水。一般播种后10天左右可出齐苗。

大葱传统育苗田与集约化育苗田

151. 大葱的土壤管理技术有哪些？

多采取沟栽，首先挖栽植沟，栽植沟的深度和沟距应根据产品要
求和品种特性确定。沟深一般20～40厘米，沟距一般70～100厘米。

其次是沟内施肥松土，栽植沟开挖好以后，可在沟底施入腐熟的有机肥和速效化肥。将葱苗用葱叉插入沟内，然后踩实土壤、灌水。

大葱传统定植与机械化定植

152. 大葱的培土管理技术有哪些？

大葱培土是增加葱白长度，防止倒伏，改善大葱葱白质量的一项重要措施。进入秋季后气温逐渐转凉，大葱开始旺盛生长，叶片不断增加，叶鞘不断加长，这时就要开始分次培土，一般到收获前需培土3~4次。培土时，将土培到叶鞘与叶身的分界处，以免引起叶片腐烂。从中间取土，取土宽度勿超过行距的1/3，以免伤根。培土时要拍实葱垄两肩的土，以免因浇水或雨水冲击引起塌落。培土时勿伤假茎和叶片，以免影响叶片的光合作用。培土前应先进行中耕松土，再进行培土。

大葱传统培土与机械化培土

153. 大葱的肥水管理技术有哪些？

大葱浇水应根据季节、大葱生长时期、天气变化、施肥情况等因素合理进行。一般规律：春、秋季节，大葱生长快，需水量大，浇水要多；大葱生长盛期需水量大，浇水要多；浇水要与施肥相结合，施肥后要及时进行浇水。大葱生长期间田间追肥，掌握前轻、中重、后补的原则，在追肥中有机肥与化肥结合，以氮肥为主，重施钾肥，兼顾磷肥。大葱生长期一般要追 4 次肥，立秋和处暑追施"攻叶肥"，白露和秋分各追施 1 次"发棵肥"。

154. 大葱主要的病虫害有哪些？如何防治？

大葱常见的病害有紫斑病、霜霉病和白尖病（白色疫病），保护地内的大葱易患灰霉病和紫斑病。大葱常见的虫害有蓟马、菜青虫和葱斑潜叶蝇等。

大葱病虫害以预防为主，发现大葱病虫害后，多采用高效低毒残留少的生物农药或天然植物源杀菌剂，少施用化学农药。常用的杀菌剂有百菌清、多菌灵、异菌脲和霜霉威盐酸盐等；常用的杀虫剂有高效氯氰菊酯、吡虫啉和啶虫脒等。

生物防治病虫害（粘虫板、性诱剂、杀虫灯）

155 大葱收获时的注意事项有哪些?

大葱收获时,可用铁锹将葱垄一侧挖空,露出葱白,用手轻轻拔起,避免损伤假茎,拉断茎盘或断根。收获后应抖净泥土,按收购标准分级,保留中间 4~5 片完好叶片。每 20 千克左右一捆,用塑料编织袋将大葱整株包裹,用绳分 3 道扎好,不能紧扎,防止压扁葱叶。

大葱传统收获方式与机械化收获方式

第十四章

菠　菜

156. 菠菜起源于哪里？

菠菜在世界各地都可蓬勃生长。著名动画形象大力水手就是吃了"大力菜（菠菜）"便力大无穷，这个动画的播出使美国 20 世纪 30 年代的菠菜销量增加了 33％，而菠菜从此更是闻名全球。它起源于 2 000 多年前的伊朗。

157. 我国菠菜的栽培是从何时开始的？

唐太宗李世民时期，菠菜长途跋涉来到我国，从此成为我国人民饭桌上不可或缺的一道美食。尤其在冬季绿叶菜稀缺的时候，它的价格堪比肉贵。

刚到中国时，因为唐朝人称波斯国为菠薐国，所以菠菜被称为"菠薐菜"，又叫"波斯草"，最后简化为"菠菜"。在广州潮汕等地，当地人把它的名字念做"boling"，翻译为飞龙，所以又叫"飞龙菜"。

相传，乾隆下江南的路上，在农家吃了菠菜炖豆腐，觉得滑嫩可口，特别好吃。看着碗里的红色菠菜根、翠绿的菠菜叶，龙心大悦，便说了一句："红嘴绿鹦哥，金镶白玉板"。因此，菠菜又有个御赐名"红嘴绿鹦哥"。有些地区的人们又称它为"红根菜"或者"鹦鹉菜"。

158. 菠菜的越冬管理技术有哪些？

菠菜秋不畏寒，初春不怕冷，总是绿油油的一片。在山东地区冬天可以在露地越冬生长。宋朝诗人苏东坡曾咏："北方苦寒今未已，雪底菠菱如铁甲。"就是对它赞美的诗句。经过低温天气生长的菠菜，口感会有一些甜味。在山东地区，大雪纷飞的季节，雪就是菠菜最好的保温被。

159. 菠菜的营养价值有哪些?

菠菜不光味道独特,更是营养丰富。菠菜体内的维生素 A、维生素 C 含量是所有蔬菜之冠,每百克菠菜中含有的维生素 C 可以满足 1 个人 1 天对维生素 C 的需求量。人体用来造血的铁元素含量也比其他蔬菜多,再加上丰富的 β 胡萝卜素、维生素 B_6 和叶酸,可以改善人体的缺铁性贫血,令人面色红润,光彩照人。

除此以外,它体内的维生素 E 和硒元素,是绝佳的抗氧化剂,具有抗衰老、促进细胞增殖作用,既能激活大脑功能,又可增强青春活力。另外,菠菜也对老年人有益,它富含的维生素 E 和硒元素,有助于预防大脑的老化,预防老年痴呆症;维生素 A 和胡萝卜素,可降低患视网膜退化的风险。菠菜的叶子中除了含有铬,还有一种类胰岛素的特殊物质,其作用与胰岛素非常相似,能使血糖保持稳定。

160. 菠菜的适应范围有哪些?

菠菜的适应性广,耐寒力强,生育期短,产量较高,是北方秋、冬、春 3 季的重要蔬菜之一。栽培方式有越冬、埋头、春菠菜、夏菠菜、秋菠菜和冻藏菠菜等,可以做到排开播种,周年供应。

不同的菠菜品种因自身特点不同,种植栽培时间及要点也不同。尖叶菠菜纤维较少,耐寒、不耐热,适合根茬越冬和秋季栽培。大叶菠菜叶片宽而肥厚,耐热力强,不耐寒,适合夏、秋栽培。大圆叶菠菜叶片肥大,春季抽薹晚,但不耐寒,抗病能力弱,在我国东北、华北、西北地区均有栽培。

161. 菠菜的土壤管理技术有哪些?

菠菜采收期长,需肥量较大,特别是氮肥和磷肥。整地时施腐熟有机肥 3 000~5 000 千克/亩,并适量施入氮、磷、钾蔬菜专用复合肥 50 千克/亩。基肥以撒施为主，深翻 15～25 厘米，施肥后深翻整平耙细。冬、春栽培宜做高畦，夏、秋栽培宜做平畦，畦高 0.15～0.20 米，畦宽 1.20～1.50 米。

162. 菠菜的催芽管理技术有哪些？

菠菜种子的种皮较厚，水和空气不易进入，一般在播种前需要采用温汤浸种催芽的方法。首先精选种子，用 50% 的 84 消毒液浸种 15 分钟，清水冲洗干净；用 55 ℃温水浸泡种子 30 分钟，其间不断搅拌；再用清水浸泡种子；然后置于 15～20 ℃催芽，24～48 小时即可露白。

163. 菠菜的种植管理技术有哪些？

菠菜栽培大多采用直播法，以撒播和条播为主，也可采用机械化播种。播种前 1～2 周畦面浇足底水；播种前 3～4 天，每亩用 5% 辛硫磷颗粒剂 4～5 千克撒施于畦面并浅耙入土，防治地老虎、蝼蛄等地下害虫。一般春季栽培播种量 3～4 千克/亩，高温期及越冬栽培播种量 4～5 千克/亩，多次采收和越冬栽培可加大到 8～9 千克/亩。

夏、秋播种菠菜，播后要用稻草覆盖或利用小拱棚覆盖遮阳网，防止高温和阳光直射。若冬、春播种菠菜，则在播种畦上覆盖塑料薄膜或遮阳网保温促出苗，出苗后撤除。

164. 菠菜的肥水管理技术有哪些？

一般播种 3～4 天后浇第 1 遍水。两叶一心时浇第 2 遍水。3～4 片真叶时定苗（株距 5～8 厘米，行距 15～20 厘米），浇第 3 遍水，并结合间苗追肥，可用 0.5%～1.0% 尿素溶液追肥 1 次。以后视植株生长情况再追肥 1～2 次。采收前 2 周以上停止施用含硝态氮的肥料，喷施 1～2 次铵态氮肥料，可以有效降低菠菜中的草酸含量。收获前 3～5 天停止浇水。当植株长到 20～25 厘米高时即可收获上市，采收时用刀沿地面割起，并保留根部 1～2 厘米。

165. 菠菜主要的病虫害有哪些？如何防治？

菠菜主要的病害为霜霉病，主要的虫害有蚜虫和潜叶蝇等，夏、秋栽培时还要注意防治地老虎和蝼蛄等地下害虫。

菠菜病害可用百菌清乳油、甲基硫菌灵可湿性粉剂或多菌灵可湿性粉剂防治，每7~10天喷1次，可连续喷2~3次。常见的虫害可以采用安装杀虫灯、挂黄板等物理防治方法，也可用化学方法进行防治，潜叶蝇可选灭蝇胺可湿性粉剂防治；蚜虫可选用啶虫脒水分散粒剂或噻虫嗪水分散粒剂防治。地老虎和蝼蛄用辛硫磷颗粒剂撒施于畦面防治。

第十五章 芹 菜

166. 芹菜起源于哪里?

芹菜虽然出身于地中海沿岸,但长期在地中海沿岸的沼泽地带生长。

2000 年前,芹菜通过丝绸之路被引入我国。

167. 我国芹菜的栽培是从何时开始的?

芹菜于汉朝进入我国。由于它长得修长、翠绿,人们对芹菜甚是喜爱,于是便把芹菜种植在堂前屋后以作观赏用。

168. 芹菜的营养价值有哪些?

芹菜的营养非常丰富,含有较多的钙、磷、铁及胡萝卜素、维生素 C、维生素 P 等。

169. 芹菜的药用价值有哪些?

芹菜的药用价值有辅助治疗早期高血压、高血脂、支气管炎、肺结核、咳嗽、头痛、失眠、经血过多、功能性子宫出血、小便不利、肺胃积热、小儿麻疹和痄腮等。

170. 芹菜的种类有哪些?

经过不断变异和人们的选择,逐渐形成了具有中国特点的细长叶柄、高度可达 100 厘米的芹菜(本芹或者旱芹),与国外宽叶柄短粗型的西芹形成鲜明对比。

在芹菜变异和选育的过程中还出现了其他形态各异的不同变种。例如,适于生长在沼泽湖泊中的水芹和根部膨大的根芹等。

171. 芹菜的代表品种有哪些?

芹菜的代表品种有入选国家地理标志性保护产品的山东青岛的马家沟芹菜、山东济宁的王丕芹菜、山东淄博的祁家芹菜、河南新乡的封丘芹菜及湖北黄石的保安水芹菜等。

172. 山东地区芹菜的茬口是怎样安排的?

芹菜喜冷凉,怕炎热,生育适宜温度为 15~20 ℃,因此,山东(黄淮海)地区一般在春、秋播种。

173. 芹菜的种植管理技术有哪些?

芹菜种子细小,种皮较厚,出苗较困难,为达到出苗快、全、齐,可进行浸种催芽。催芽前先将种子用细纱布包好,在干净清水中轻轻搓洗几遍,然后用凉水浸泡 12~24 小时,捞出,沥去多余的水分。在常温下用 10%磷酸三钠溶液浸种 10 分钟,或用 50%多菌灵可湿性粉剂 500 倍液浸种 2 小时,或用 300 倍福尔马林溶液浸种 30 分钟。然后放入纱袋中在 20 ℃条件下见光催芽,每天冲洗 2~3 次,50%种子露白时即可播种。

为了增加出苗率和后期长势,可采用基质育苗的方式进行育苗。基质可选用优质草炭、蛭石、珍珠岩作为基质材料,三者按体积比 6∶1∶2 混合配制。也可选用育苗专用商品基质。然后,每立方米混合基质中加入氮磷钾三元复合肥(18-18-18)1.5~2.0 千克、30%多菌灵·福美双可湿性粉剂 40 克、清水 100 升,搅拌均匀备用。播种时一般选用 128 孔或 200 孔黑色标准穴盘,将穴盘放入次氯酸钠 500 倍液中浸泡 20~30 分钟,消毒。使用前彻底洗净晾干后备用。新穴盘可直接使用。然后每穴打孔,将处理好的种子播入穴盘,每穴 3~5 粒,然后覆一层 0.5 厘米厚的基质。播后苗床覆膜,3 天后于傍晚揭膜。播种至齐苗期,白天温度控制在 20~23 ℃,夜间 15~18 ℃;齐苗至定植前 10 天,白天 16~20 ℃,夜间 8~12 ℃。空气相对湿度保持在 60%~70%。出苗后的 2~

3 天,第 1 片真叶展开前,喷施清水;第 1 片真叶展开后,喷施浓度为 0.025％氮磷钾复合水溶肥 (18 - 18 - 18);第 2 片真叶展开后,喷施浓度为 0.05％氮磷钾复合水溶肥 (18 - 18 - 18);第 3 片真叶展开时,喷施浓度为 0.1％氮磷钾复合水溶肥 (18 - 18 - 18)。

174. 芹菜的肥水管理技术有哪些?

在幼苗具 4～5 片真叶,株高 10～15 厘米时定植,每个栽培槽定植 4 行,株距 15～20 厘米。从定植到缓苗,以促根为主,在保证基质湿度的前提下,及时通风,白天温度控制在 18～24 ℃,夜间 13～18 ℃。秋季增加通风时间和通风量,防止棚内高温,白天温度控制在 26 ℃以下,夜间 20 ℃以下,光照过强、温度过高时适当浇水降温。定植后浇透水。缓苗后每隔 7 天左右浇 1 次水,宜在早晚阴凉时进行。缓苗后,结合浇水,追肥 1 次,每亩施氮磷钾复合水溶肥 (18 - 18 - 18) 15 千克左右。旺盛生长初期,每亩施氮磷钾复合水溶肥 (18 - 18 - 18) 15～20 千克。植株封行后,每亩随水施氮磷钾复合水溶肥 (18 - 18 - 18) 15 千克,每 10 天喷施 1 次 0.1％～0.2％的磷酸二氢钾,喷 2～3 次。

175. 芹菜主要的病虫害防治方法有哪些?

芹菜病虫害防治通常采用以下 4 种方式:农业防治、物理防治、生物防治和化学防治,并以前 3 种防治方式为主。

176. 芹菜的收获期是如何确定的?

由于芹菜播种期、栽培方式和品种不同,采收的要求也不一样。芹菜的采收时期可根据生长情况和市场价格而定,一般定植 50～60 天后,叶柄长达 40 厘米左右,新抽嫩薹在 10 厘米以下,即可收获。采收方式主要有以下 4 种方式:连根采收、叶柄分批采收、间拔采收及割收。

第十六章

油 菜

177. 油菜与其他常见蔬菜的区别是什么?

油菜,又叫油白菜、小白菜、小青菜、青梗菜,在生物学上属于十字花科芸薹属,跟大白菜、甘蓝、花椰菜、芥菜、芜菁、乌塌菜、菜薹等都是一个大家族的。单从花、种荚和种子上看,它们长得很像,但是没开花之前,差别还是很大的。

猜猜我是谁的花?

我的!

不对,是我的!

你们都让开,她是我的!

在古代,油菜叫芸薹,又被称为胡菜,被种植在当时的"胡、羌、陇、氐"等地。最早种植芸薹是用来食用叶片而不是用来榨油,后来人们发现芸薹的种子可以榨出油,于是驯化后的芸薹被一分为二。一种是用来榨油用的油用芸薹,后来就统称油菜;而另一种是用来食用的"菘",就是白菜。

178. 油菜的分类方法有哪些?

油菜分为白菜型油菜、甘蓝型油菜和芥菜型油菜。只有白菜型油菜是食用叶片的,而甘蓝型油菜和芥菜型油菜都是用来榨油的。

179. 不同地方对油菜的称呼都有什么?

油菜适应性极强,耐寒、耐热、抗虫、抗病,在我国的南北方都能健康的成长,但是大家对油菜的称呼不太一样。在北方,大家喜欢称为油菜，但是在南方，习惯称为小白菜或小青菜，南方油菜大多指榨油用的油菜。

180. 油菜的主要用途有哪些?

油菜在我国已经有几千年历史了。油菜和大白菜来源于相同的祖先，是白菜的变种之一。油菜主要有 6 种用途，分别为榨油、观赏、饲用、肥用、蔬菜用和药用。

181. "板蓝根油菜"是什么?

现在科研人员正在研究将板蓝根和油菜杂交，生产具有抗毒功能的"板蓝根油菜"，人们则可以通过食用油菜来治疗感冒。板蓝根油菜叶子呈椭圆形或者倒着的卵圆形，叶面比较光滑或者稍有褶缩，叶子和叶柄都是绿油油的，肥厚而光滑，几乎没有茸毛。

182. 油菜的营养价值有哪些?

油菜质地脆嫩，略有苦味。油菜中含有丰富的蛋白质、胡萝卜素、维生素及钙、铁等营养成分。南方有句俗语"三天不吃青，头上冒火星"，对南方人来说，油菜可是天天不能离饭桌的。并且油菜是低脂肪蔬菜。

油菜的含钙量在绿叶蔬菜中是很高的，可以强健儿童的骨骼。除了含有丰富的营养成分，它还可以降低血脂、帮助肝脏排毒、防癌抗癌、宽肠通便、强骨抗压。

183. 油菜的土壤管理技术有哪些?

在播种前，进行浅耕打糖、土细疏松、地表平整。结合整地施足底肥，增施磷、钾肥，补施硼肥。每亩施有机肥 2 000 千克、碳酸氢铵 25 千克、过磷酸钙 25 千克、氯化钾 15 千克、硼砂 1 千克。全部有机肥、50%氮肥、全部磷肥、全部钾肥、全部硼肥作基肥 1 次施用，30%氮肥作苗肥，20%氮肥作薹肥追肥。播种前，每亩用 2～3 千克辛硫磷处理土壤防蛴螬、金针虫等地下害虫。播种后，每亩用90％的敌百虫晶体50克，加水0.5千克，与炒香的麸皮5千克拌匀，傍晚顺行溜施诱杀。

184. 油菜的种植管理技术有哪些？

播种方法分为点播、沟播、条播3种。点播：穴深3～4厘米，穴底要平，土层要碎，行距要直，株距要匀，每穴下籽要一致，播后盖薄土，适当镇压，以利出苗。沟播：是秋播油菜越冬保苗的措施之一，一般沟深10厘米左右，每亩用量300～400克，浅覆土，适当镇压。条播：可以充分利用土地，增加种植密度，便于管理和机械操作。行距为50厘米，沟深视墒情而定。幼苗期，要抓紧疏苗，以免拥挤，形成弱苗。同时，把间掉的油菜苗补栽在缺苗处。

在越冬前，结合追肥在油菜大垄间深中耕2遍，把碎土壅到小垄。这样就自然形成两行油菜有一条高垄，垄沟深15～20厘米，垄面45厘米。通过深中耕使大苗围茎，小苗埋心，高脚苗全部围住露茎。在培土壅根的基础上，到结冻前可用步犁在行间进行深耕覆土、盖顶，覆土盖顶的厚度以4～6厘米为宜，以盖住生长点又不把苗全捂住为宜。覆土的时间应掌握在11月中下旬，植株大叶发蔫时进行。干旱、低温是秋播油菜越冬死苗的主要原因。浇越冬水不但可以保证油菜对水分的需求，增强抵抗能力，同时也可沉实土壤，弥合土缝，防止漏风冻根。

185. 油菜花期管理注意事项有哪些？

春季降水多、气温回升、杂草生长快，土壤易板结，必须在油菜封行前及时进行1～2次中耕除草，以促进根系生长。油菜抽薹至现蕾开花阶段需肥量大，必须稳施、重施薹肥。一般在2月底至3月初，每亩用尿素5.0～7.5千克，趁墒撒施或掺到粪水中浇施。对长势差、抽薹早、有早衰趋势的油菜田要早施、多施薹肥；植株生长旺盛、群体过大的田块应推迟施用薹肥。开花期是油菜需肥的高峰期，叶面喷肥是经济有效的施肥方法。开花期要注意浇水，勤浇、轻浇，保持土壤湿润。终花后进入籽粒灌浆期，应保持70％

左右的土壤相对含水量。

186. 油菜的收获期是如何确定的?

油菜是无限花序,由上而下陆续开花结荚,成熟早晚不一致。大部分荚角果内的种子、种皮处于变色阶段时进行收获产量最高。收获后要选择晴天及时脱粒,不宜堆放过久。脱粒后应进行充分摊晒,待籽粒较为干燥时储藏或加工。

第十七章 菜豆

187. 菜豆起源于哪里？

菜豆，又名芸豆、四季豆、白豆、白腰豆。菜豆原产于南美洲热带地区，15世纪末至16世纪初时引进到我国。菜豆传入中国后，慢慢地产生了软荚变种，因此，中国也是菜豆家族的次生起源中心。在植物学分类上，菜豆属于豆科（Fabaceae）中的菜豆属（*Phaseolus*），它有22条染色体。

188. 菜豆育种的筛选指标有哪些？

菜豆的花形状是蝶形两性完全花，属于严格闭花自花授粉的植物。一般采用人工杂交的方式从 F_2 代开始分离后进行目标性状的选择，经过4～5代的选择后，能得到优良的纯合体。菜豆现在的主要育种目标是，提高产量和对枯萎病、炭疽病、锈病等病害的抗病性；提高感官品质、营养品质、加工品质的商品性，选育具有耐寒、耐弱光、植株矮小的保护地专用品种。它的主要育种途径包括异地引种、大面积种植选种及杂交育种（系谱法、混合-单株选择法、单子传代法）。

189. 菜豆的设施栽培是怎样的？

由于菜豆不耐寒也不耐热，所以以前它在北方只能春、秋两季生长。近年来，园艺栽培设施包括小拱棚、大拱棚和日光温室的春早熟栽培、秋延迟

温室生产可以全年供应

栽培等多种形式全面发展，基本实现了菜豆在市场上的全年供应。

190. 菜豆生长环境的管理技术是怎样的？

与一些绿叶菜相比，菜豆的寿命较长，有 90～120 天。菜豆喜欢短日照，最适宜温度是 18～23 ℃。30 ℃以上高温时，花组织就会受到损伤；当温度低于 0 ℃时，停止生长。

18～23℃

191. 菜豆的营养价值有哪些？

菜豆营养价值丰富，它的蛋白质和 B 族维生素含量均高于鸡肉，其钙含量是鸡肉的 7 倍多，铁含量是鸡肉的 4 倍。菜豆还含有皂苷、尿毒酶和多种球蛋白等独特成分，具有提高人体自身的免疫能力、增强抗病能力、激活淋巴 T 细胞、促进脱氧核糖核酸合成等功能，对肿瘤细胞的发展有抑制作用。

192. 菜豆的加工方式有哪些？

菜豆不仅可炖可炒，还可以干煸和烧烤等，除了可以作为菜品上桌，它还是制作糕点、豆馅等的优质原料。但是菜豆容易引起胀肚，在消化吸收过程中会产生过多的气体，所以消化功能不良、有慢性消化道疾病的人们应尽量少食。

193. 吃菜豆中毒了该怎么办？

虽然菜豆全身营养富集，但不可生食，一定要煮熟了吃。因为菜豆含有皂苷和血球凝集素两种毒素，如果生食，很容易发生食物中毒。中毒后主要症状为恶心、呕吐、腹痛、腹泻等胃肠炎症状，同时伴有头晕、头痛、出冷汗、四肢麻木、胃烧灼感、心慌和背痛等。大家在外就餐时，若发现饭菜中菜豆的外观仍呈鲜绿色、吃起来有豆腥味等，就不要食用了。

194. 菜豆的分类是怎样的?

菜豆的嫩荚及老熟种子均含有丰富的营养。其可分为矮生品种和蔓生品种。其中蔓生品种栽培面积最大，主食嫩豆荚。矮生品种栽培面积小，供应期短，对增加淡季蔬菜品种有一定作用。

195. 菜豆生长不好的原因有哪些?

菜豆为喜温蔬菜，不耐高温和霜冻。种子 $8\sim10\ ℃$ 开始发芽，发芽期适宜温度 $20\sim30\ ℃$。幼苗生长适宜气温为 $18\sim20\ ℃$，低于 $8\ ℃$ 严重影响地上部生长；开花结荚期适宜温度为 $18\sim25\ ℃$，低于 $15\ ℃$ 或高于 $30\ ℃$（特别是连续高温）均发生落花、落荚现象，严重影响产量。菜豆具有喜光特性，弱光下植株易徒长。开花结荚期若遇弱光，花蕾数减少，开花期数和结荚数均会减少。菜豆品种多属于中光性，对日照长短要求不严格，在温度适宜的情况下一年四季均可栽培。土壤湿度过大，下部叶片黄化，提早落叶，落花落荚增加，产量大幅度下降。开花结荚期适宜的空气相对湿度为 $60\%\sim75\%$，表现为喜湿怕旱不耐高湿。干旱季节灌水，使土壤相对湿度达 70% 左右，有利于菜豆植株生长、根瘤形成和产量增加。

196. 菜豆的土壤管理技术有哪些?

菜豆喜有机质多、土层深厚、排水良好的壤土或沙质壤土，适宜的土壤酸碱度（pH）为 $6.2\sim7.0$。生产上可少量施用速效氮肥作种肥和提苗肥，提早追施氮肥，可以促进发秧，减少落花，增加结荚。蔓生菜豆结荚期长，结荚中后期需追施氮肥，以防早衰。幼苗期、伸蔓期叶面喷洒 $0.1\%\sim0.2\%$ 硼砂或 $0.05\%\sim0.10\%$ 钼酸铵，可提高菜豆的产量和品质。选择排水良好、肥沃疏松的轮作地栽培，易积水地做深沟高垄，少雨地区多采用平畦栽培。整地起垄时施入腐熟堆肥、厩肥作基肥。高垄栽培的垄宽75～80厘米，沟宽40～45厘米，沟深17～22厘米，每垄栽2行。结合整地，每亩均匀施入2 000～2 500千克腐熟农家肥加三元复合肥（氮：磷：钾＝15：15：15）40千克作基肥。

197. 山东地区菜豆的茬口是怎样安排的？

山东地区菜豆最适宜种植时间为月平均气温10～25 ℃的季节，以20 ℃左右最适。忌重茬，宜与非豆科蔬菜实行2～3年轮作。适宜前茬为大白菜、甘蓝、黄瓜、西葫芦、马铃薯等。

198. 菜豆主要的病虫害有哪些？如何防治？

菜豆主要的病害有炭疽病、锈病、根腐病和灰霉病等，菜豆主要的虫害有蚜虫、豆荚螟和豆野螟等。

针对各种病害要了解传播途径并对症下药。如炭疽病的病菌主要附着在种子或者病残体上，通过风雨或者昆虫传播，相对湿度为100％时易发病。发病初期喷洒75％百菌清可湿性粉剂600倍液，或80％炭疽福美可湿性粉剂800倍液，或70％代森锰锌可湿性粉剂400倍液，或70％甲基硫菌灵可湿性粉剂1 500倍液等进行防治。

199. 菜豆的收获期是如何确定的？

作嫩荚食用的菜豆在果荚充分伸长、荚壁未变粗硬时，一般蔓生品种花后10～15天、矮生品种花后7～10天采收。而作加工用的菜豆一般在花后5～7天采收。食用种子的菜豆在花后20～30天采收。

第十八章 豇豆

200. 豇豆起源于哪里？

豇豆，又名豆角，也称为角豆、姜豆、带豆、挂豆角、裙带豆等。关于它的起源，很多记载并不完全一致，但可以确定的是，豇豆是从热带非洲来的。

201. 我国豇豆的栽培是从何时开始的？

豇豆于公元前1 500—前1 000年传入亚洲和印度，并在汉代传入我国。目前，豇豆主要分布在热带和亚热带地区以及部分温带地区。

202. 豇豆的两大特长是什么？

一是豇豆具有很强的固氮能力，整个生长过程甚至都不需要消耗土壤中原有的氮。豇豆不光不需要土壤本身的氮，还可以反过来给土壤提供氮肥，一个生长周期下来，能为土地提供每公顷40～80千克的氮肥。豇豆在特别贫瘠的土地上也能很好地生长。此外，很多需肥量大的作物都适合与豇豆轮作，因为豇豆能为它们的生长提供充足的氮肥。

二是豇豆的抗旱能力特别强。由于豇豆具有蔓生或半蔓生特性，能够很好地覆盖种植它的土地，不光能够控制杂草生长，还可以防止水土流失。豇豆优良的耐旱特性，在干旱的中非和西非国家表现得非常明显，主要包括喀麦隆至塞内加尔、北纬10°～15°的大范围地区，甚至包括部分撒哈拉沙漠。此区域一直向南还延伸到西非海岸地区，如贝宁和加纳等国家和地区。

203. 豇豆的分类是怎样的？

正因为具有豇豆以上优点和特长，才得以被广泛种植和传播。

最初作为粮食和饲料作物广泛种植于非洲。传入亚洲后由于当地湿润的气候条件，演化出长荚豇豆和短荚豇豆两个亚种。按荚果长短、质地和食用部分的不同，又可分为 3 个栽培种，即普通豇豆（简称豇豆）、饭豇豆及长豇豆。长豇豆根据果荚的颜色不同又分为绿皮豇豆、青皮豇豆、白皮豇豆和紫（红）皮豇豆等多种类型，根据茎的生长习性又分蔓性、半蔓性和矮性 3 种类型。

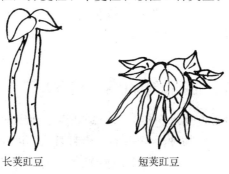

长荚豇豆　　　　　　短荚豇豆

204. 豇豆的营养价值有哪些？

豇豆的嫩叶、嫩藤以及未成熟的豆粒、豆荚都可以作为蔬菜食用，不管是中餐还是西餐，都少不了它的影子。豇豆成熟的豆粒含有丰富的蛋白质（23%～25%）和碳水化合物（50%～67%），可作为主食。豆荚收获以后，它的植株还可以作为饲料。

205. 豇豆的药用价值有哪些？

豇豆的药用价值有控制血糖、预防心血管系统疾病、健脾补肾、助消化、防便秘。

206. 山东地区豇豆的茬口是怎样安排的？

豇豆以露地栽培为主，同时可进行春季小拱棚早熟栽培和冬季大棚保护地栽培。以山东（黄淮海）地区为例，4 月中下旬至 6 月中旬均可进行豇豆露地播种栽培。春季早熟小拱棚栽培通常在 2 月下旬播种育苗，3 月下旬至 4 月上旬定植。冬暖棚栽培，可于 11

月中下旬播种。

207. 豇豆的土壤管理技术有哪些?

豇豆是耐热蔬菜,喜光,根系深,吸水能力强,能耐土壤干旱,但不耐涝。豇豆对土壤选择不严格,耐瘠薄,但在深厚、肥沃土壤上才能丰产。整地前施基肥,一般每亩施腐熟的堆肥或土杂肥5 000千克、过磷酸钙40千克、硫酸钾10~15千克。春季或棚内栽培可做成平畦,畦宽1.0~1.2米,夏季栽培需做成高畦,方便排灌。

208. 豇豆的种植管理技术有哪些?

架豇豆行距60厘米、穴距20~25厘米,地豇豆行距50厘米、穴距25厘米。每穴播种子4~5粒,干籽直播,可开沟点播或刨穴点播,播深2~3厘米,覆土后轻镇压。每亩用精选种子3~4千克。

苗出齐后,在第2片复叶出现前进行查苗补苗。补苗后需浇窝水,以保成活。土壤底墒充足时,苗期不浇水,加强中耕保墒。苗出齐后,开始浅锄1遍,团棵前结合浇小水中耕2~3遍。团棵后、甩蔓插架前,结合追肥浇水再中耕1次。插架后不再中耕。每次中耕应随时向根际带土。

209. 豇豆的肥水管理技术有哪些?

架豇豆在甩蔓后应及时插架。用"人"字架,架高2.0~2.5米。主蔓长30厘米左右时,应及时人工辅助引蔓上架。豇豆生长期间一般追肥3~4次,插架前或地豇豆开花前,每亩施尿素10千克或硫酸铵15千克,结荚期每隔15天左右追1次速效肥,以氮肥和钾肥为主,每亩可施尿素10千克或硫酸铵15~20千克、硫酸钾5千克。矮生豇豆主枝高30厘米时摘心,可促使其早抽侧枝,有利于豆荚生长,提高结荚率。

植株现蕾期,若遇干旱,可浇1次小水,但初花期不要浇水,以防茎叶旺长而落花落荚。在第 1 花序坐荚、主蔓长度达 1 米左右时开始浇水,逐渐增加浇水次数和浇水量。结荚期需水量大,应保持土壤见干见湿,防止过干或过湿,保持土壤良好的状态,以利于植株茎、叶、荚同时旺盛生长。7 月以后,降水量增加,应及时做好田间排水,防止植株早衰。

210. 豇豆主要的病虫害有哪些?如何防治?

豇豆生长期间,注意防止杂草危害,及时除草或铺防草布。同时还要防病防虫,豇豆的主要病害有锈病和炭疽病等,主要虫害有蚜虫和豆荚螟。

锈病在发病初期可选用三唑酮、苯醚甲环唑、姜锈灵等农药进行防治,每隔 7 天喷 1 次,连喷 3 次。炭疽病可用百菌清、苯醚甲环唑、代森锰锌等农药。蚜虫可用吡虫啉,防治豆荚螟可用甲维盐或阿维菌素等,应坚持"治蕾为主"的原则,在开花期喷杀花蕾中的幼虫。谢花后豆荚长成 10 厘米长时喷药 1 次,可杀死初孵和蛀入幼荚的低龄幼虫。

211. 豇豆的收获期是如何确定的?

豇豆一般在播种后 60～70 天,开花后 10～14 天即可采收,这时豆荚长至标准长度,荚果柔软饱满,籽粒尚未充分显露。采收要及时,防止荚变老和植株早衰。初期 3～5 天采收 1 次,盛期需2～3 天采收 1 次。

第十九章 马铃薯

212. 马铃薯起源于哪里?

马铃薯起源于南美洲安第斯山脉。

213. 我国马铃薯的栽培是从何时开始的?

明朝时马铃薯被引入我国。明代的上林苑有专门接待马铃薯的"菜户",他们对马铃薯进行筛选、培育。

214. 马铃薯的别名有哪些?

康熙年间的《松溪县志》介绍马铃薯酷似马铃铛,故取名"马铃薯",后来又有人陆续给它起了很多昵称,如"土豆""山药蛋""洋芋""洋番芋""洋山芋""薯仔""荷兰薯"等。

215. 马铃薯历代的种植规模是怎样的?

明清时期,马铃薯的栽种技术不断提升,产量也不断提高。特别是在清朝,作物种子和栽培技术广泛普及,马铃薯也因此在民间得到大规模种植。

乾隆末年,中国人口骤增,面临巨大的人口压力与粮食危机,人们开始寻求传统作物的替代品。马铃薯成为水稻、小麦的最佳替代品,也迎来了在中国的第一个栽培巅峰。

中华人民共和国成立后,特别是改革开放以来,随着国际交往的日渐频繁,马铃薯的相似品种也纷纷被引入,其家族不断壮大,在资源研究和育种工作方面都有了突出进展,极大地促进了马铃薯在中国的发展。

216. 马铃薯的育种技术有哪些?

以前,马铃薯栽培种资源贫乏,育种技术单一。随着其家族的壮大,它在育种途径上由单纯常规育种转向多途径育种,通过轮回选择、种间杂交、双单倍体、基因工程育种等创造了许多有价值的材料。

刚来到中国的时候,马铃薯也曾经不适应。中华人民共和国成立至今,它已进行了3~4次品种的更新换代,大大地减轻了晚疫病、病毒病和细菌病的危害。另外,马铃薯在栽培管理技术方面也发生了很大的变化,这些都确保了它的丰产。

217. 马铃薯的种类有哪些?

马铃薯颜色有紫色、红色、黑色和彩色等,彩色的马铃薯是作为特色食品而开发的。这些绚丽的色彩都是遗传获得的,均不是转基因品种。

218. 马铃薯的代表品种有哪些?

马铃薯分布在全国不同地区,比如,西藏艾玛马铃薯、内蒙古武川马铃薯、山东胶河马铃薯、四川凉山马铃薯、宁夏固原马铃薯、新疆昭苏马铃薯、甘肃定西马铃薯、湖北恩施马铃薯等,这些全是中国国家地理标志产品。

219. 山东地区马铃薯的茬口是怎样安排的?

在山东(黄淮海)地区,一年可以种植春、秋两季马铃薯,以春季马铃薯为主。春季马铃薯一般在3月上中旬播种,6月中下旬收获,这期间光照充足,气候冷凉,适宜马铃薯生长。

220. 马铃薯的繁殖管理技术有哪些?

马铃薯是无性繁殖作物,可以直接在地里种植种薯。由于马铃薯病毒会严重影响植株生长和产量,在生产中需选用脱毒种薯。为保证马铃薯出全苗、出壮苗,需对种薯进行催芽。在播种前20天左右,将种薯从库中取出晾晒,并剔除病薯、烂薯,然后切块,每块种薯含有1~2个芽眼,并且重量在30克以上,待芽长到2~3厘米时,放在散射光下晾晒,芽变粗后即可播种。

221. 马铃薯的土壤管理技术有哪些?

马铃薯适宜在土层深厚疏松、排水良好、肥力好的沙壤土中生长。在播种前需选择好地块,施足基肥,一般每亩施用3 000~4 000千克腐熟农家肥或商品有机肥150~200千克。一垄双行或单行种植。一垄双行时,垄距80~90厘米,垄内行距20厘米,株距25~28厘米。一垄单行时,垄距为70厘米,株距20厘米。开沟深8~10厘米,施肥浇水后播种,覆土起垄,垄高12~14厘米。喷施除草剂,最后覆盖地膜。

222. 马铃薯的肥水管理技术有哪些?

播种后20~25天马铃薯苗将陆续顶膜,及时将地膜破孔放苗,以防烧苗。水、肥管理对于马铃薯生长也是十分重要的。在水分管理方面,播种后至出苗前浇水1~3次,出苗后根据土壤湿度和降水情况,每隔5~7天浇1次水,每次浇水一定要浇透;尤其在块茎膨大期一定要保证水分供应。在肥料管理方面,在块茎膨大期每亩追施磷钾复合肥10~15千克。

223. 马铃薯主要的病虫害有哪些? 如何防治?

马铃薯在切块、催芽播种、生长发育等过程中,随时会受到病菌和害虫的侵染。在山东地区马铃薯常见的病害主要有黑胫病、晚疫病和疮痂病等。山东地区侵染马铃薯的主要害虫有白粉虱、蚜虫和地老虎等。

黑胫病主要危害根茎和薯块，严重时造成植株死亡，一般选用适乐时、农用链霉素、高巧等药剂拌种来防治。晚疫病主要在马铃薯封垄以后易发病，并且很难治愈，只能预防，一般采用嘧菌酯、银法利、氟噻唑吡乙酮等药剂进行预防。白粉虱、蚜虫主要危害植株的茎叶；地老虎除了啃食幼苗根茎、叶片，还危害块茎，一般采用吡虫啉和氯虫苯甲酰胺对这些害虫进行防治。

224. 马铃薯的收获期是如何确定的？

山东（黄淮海）地区多在6月中下旬，雨季来临前对马铃薯进行收获。马铃薯具有丰富的营养，储存过程中容易腐烂。为减少薯块腐烂，收获前7天左右应停止浇水，选择清晨温度较低时收获并入库，收获时应轻拿轻放，防止碰伤。

第二十章 山 药

225. 山药起源于哪里？

山药起源于中国，经常现身于各类医药经典和古籍中。

《山海经》上曾记录："景山，北望少泽，其草多薯藇。"中国现存最早的中药学著作《神农本草经》中说："薯藇味甘温，主伤中，补虚羸，除寒热邪气，长肌肉，久服耳目聪明，轻身不饥，延年。"

山药原名薯藇，到了唐代，因唐代宗名李豫，"藇"与"豫"同音，为了避开帝王名讳，只好改名为"薯药"。到了宋朝，宋英宗名赵曙，这"薯"字又犯忌讳，所以把"薯"字改成"山"字。从此以后，就成了"山药"，并一直沿用至今。

山药的别名与俗名达 350 种之多，但常用"山药"。

226. 山药的栽培管理技术有哪些？

很久以前，山药生存在野外，它的人工栽培历史可追溯到南北朝时期。在历史的长河里山药的栽培技术在长期的生产实践当中不断发展，几乎每一朝代都会出现革新。经过 1 000 多年的发展，山药出现多种栽培方法，经过实践检验，至今仍在使用的栽培技术有山药块茎切断育种、零余子栽植、宿根头繁殖这 3 种。

我是唐小美，山药的人工栽培技术渐趋成熟，我们已摸索出具体的栽种方法。

我是清格格，我们把山药的种植推广到了全国各地。

90

我是明小宝，发现了利用山药宿根繁殖的方法。

我是元大帅，是我们掌握了山药的零余子和山药栽子繁殖栽培方法。

我是宋小帅，我们对山药的栽培经验更加丰富，从唐代的经年可食，改善至宋代的"当年可食"，生产效率显著提高。不过，我们主要在河南地区种植。

227. 山药的分布范围有哪些？

山药的适应性很强，主要种植土壤为沙壤土的旱地，也可种植在丘陵坡地的朝阳面，从来不与主要粮食作物和经济作物争地。山药对栽培环境条件要求不严格，目前除西藏地区外，其他各个省份都有种植。另外，它的食用块茎生长在地下，与农药和其他污染物接触少，有利于进行无公害绿色蔬菜的生产。

228. 山药的两大族群是什么？

山药有两大族群，一个名为"毛山药"，特征是圆柱弯曲而稍扁，表面黄白色或棕黄色，表皮斑点较大，根须粗长壮。另一个名为"光山药"，特征是圆柱饱满，表面淡黄白色，光滑，颜色发亮，根须较少且细软。

"山药杯"比美大赛

虽然我的肤色有点深，雀斑有点多，汗毛有点浓密。可是我的口感香甜干面，会让你回味无穷奥。

看我的皮肤是多么光滑与细腻，水灵灵的我，用手都能挤出水来。而且无论怎么烹饪，我的口感都是脆脆的。

229. 山药的营养价值和药用价值有哪些?

古人很早就认识到山药的营养价值和药用价值,把它视为药食同源的保健食品原料之一。山药含有淀粉、碳水化合物、蛋白质、维生素、矿物质等多种营养成分和山药多糖、皂苷等医用成分,除了鲜食外,还具有巨大的食用加工价值和药用价值。

山药凭借其极高的营养价值与齐全的食疗药用功能,几千年来始终如一地为人们奉献美味和健康。

230. 山药的地方品种有哪些?

山药在中国的大地上分布广泛,因各地土壤环境、气候条件等差异形成了各自的特点,因此,也成为当地有名的地方品种,如山西太谷山药、怀庆山药、河南铁棍山药和山东白玉山药等。

231. 山东地区山药的茬口是怎样安排的?

山药适应能力较强,喜温、耐寒,但是不耐涝或干旱。地上茎叶部分喜温怕霜,比较适宜的栽培温度为 25~28 ℃,适宜块茎发芽的温度为 15 ℃左右,在 20~24 ℃时,块茎生长最为迅速,但当温度低于 20 ℃时,块茎的生长便会受到阻碍。

232. 山药的土壤管理技术有哪些?

山药种植应该选择地势平坦、土壤结构疏松,排水性能以及透气好的沙质土壤。目前应用范围最广的方法是挖沟栽培法。通常来说,在栽培山药时所挖沟渠的深度一般为 1 米,行距也为 1 米,但是基于不同山药品种的种植要求,沟渠的深度也会随之调整。但大多数情况下,沟渠的平均深度为 1 米,宽度为 20~25 米。种植沟深 20 厘米,宽 30 厘米,行距 1 米,覆土 10 厘米,施腐熟的农家肥 1 000~1 500 千克/亩、生物钾肥 5 千克/亩、过磷酸钙 40 千克/亩后再覆土 8~10 厘米,种植山药种苗 4 500~5 000 株/亩。

233. 山药的种植管理技术有哪些?

选择无病虫害、无腐烂损伤、保存良好的山药块茎作为种薯。播种前 15～20 天将种薯用 50％多菌灵可湿性粉剂 500～1 000 倍液浸种 25～30 分钟，或配合多菌灵浸种，加入适量的赤霉素，即 2～3 毫克/千克溶液浸种 10～12 小时。在 25～28 ℃环境中培沙 3～5 厘米催芽。催芽可使用小拱棚密闭保温，当山药幼芽从沙中露出时即可播种，20 天左右即可出苗。定植越早越好，一般在 3 月底至 4 月。

234. 山药的肥水管理技术有哪些?

1 个种薯能发 2～3 个芽苗，一般选留 1 个壮芽，其余的及早除去，减少养分消耗。山药出苗后，要及早搭建支架，支架最好选用 1.5～2.0 米长的细竹子，搭成"人"字形、三角形支架均可，支架离顶部 25～30 厘米用铁线扎紧。种苗种植后要及时浇透水，雨季要注意排水，严防地面积水。在 6 月下旬山药块茎膨大期可结合浇水追施氮磷钾复合肥 15～20 千克/亩。种植后 120 天左右开始转入块茎生长期时重施攻薯肥，亩施复合肥 20～30 千克、生物有机肥 100 千克。施肥应在雨后或灌水后，同时应及时进行培土，覆盖块茎上的土层保持 10～15 厘米。

235. 山药常见的病虫害有哪些? 如何防治?

山药的主要病害为炭疽病，主要发生在藤蔓及叶片，轻则提前落叶，重则整株枯死；主要虫害为金龟子，以幼虫蛴螬危害地下块茎和根系。

针对病害的发生，实行轮作，用 70％代森锰锌可湿性粉剂 500～600 倍液或 75％百菌清可湿性粉剂 600～700 倍液喷雾，每 5～7 天防治 1 次，交叉用药。针对虫害的发生，每亩用 50％辛硫磷颗粒剂 2.5 千克撒施于山药行间，施后中耕松土。

236. 山药采收和储藏有哪些要求?

一般 11 月下旬藤蔓枯萎变黄或枯死后 (即霜降至土壤封冻前), 选择天气晴朗时即可收获。如需储藏, 可用地窖 (地窖大小根据储藏数量而定) 储藏, 温度在 4~7 ℃, 相对湿度在 80%~85% 为宜, 一般可储藏 100~120 天。

主要参考文献 MAINREFERENCES

曹齐卫，李利斌，王永强，等，2016. 日光温室冬春茬黄瓜超高产栽培技术 [J]. 中国蔬菜 (9)：98-100.

陈德周，2019. 山药优质高产无公害栽培技术 [J]. 长江蔬菜 (11)：28-29.

陈沁滨，南海，2005. 生态温室蔬菜高效栽培技术 [M]. 北京：中国农业出版社.

陈琼，韩瑞玺，唐浩，等，2018. 我国菜豆新品种选育研究现状及展望 [J]. 中国种业 (10)：10-14.

陈运起，高莉敏，2007. 大葱生产关键技术问答 [M]. 北京：中国农业出版社.

董志，2019. 芹菜高产栽培技术 [J]. 农民致富之友 (1)：31.

高莉敏，陈运起，游宝杰，等，2015. 提高大葱商品性栽培技术问答 [M]. 北京：金盾出版社.

郭春景，2018. 芹菜的营养价值与安全性评价 [J]. 吉林农业，6：83-84.

何启伟，苏德恕，赵德婉，1997. 山东蔬菜 [M]. 上海：上海科学技术出版社.

侯丽霞，2011. 番茄栽培新技术与实例 [M]. 北京：电子工业出版社.

黄文华，2004. 山药无公害标准化栽培 [M]. 北京：中国农业出版社.

焦自高，2016. 棚室西瓜栽培新技术 [M]. 北京：中国农业科学技术出版社.

荆爱霞，2018. 中国洋葱 [M]. 兰州：甘肃科学技术出版社.

柯桂兰，2010. 中国大白菜育种学 [M]. 北京：中国农业出版社.

孔素萍，刘冰江，刘泽洲，等. 2019. 大蒜优质高产栽培技术 [M]. 北京：中国科学技术出版社.

李志邈，曹家树，2001. 蔬菜的抗癌特性 [J]. 北方园艺 (4)：4-6.

连勇，刘富中，陈钰辉，2006. 我国茄子地方品种类型分布及种质资源研究进展 [J] 中国蔬菜，2006 (增刊)：9-14.

刘贤娴，王淑芬，刘辰，等，2020. 胡萝卜优质高产 [M]. 北京：中国科学技术出版社.

刘新浩，2019. 淄博地区日光温室贝贝南瓜高产栽培技术 [J]. 农业科技通讯 (3)：254-256.

刘英，王超，2006. 简述甘蓝类植物的起源及分类 [J]. 北方园艺 (4)：58-60.

龙吉泽，2014. 辣椒的辣度评判及营养与药用价值 [J]. 湖南农机，41（6）：168-169.

山东农业大学，1999. 蔬菜栽培学各论 [M]. 北京：中国农业出版社.

苏德纯，黄焕忠，2002. 油菜作为超累积植物修复镉污染土壤的潜力 [J]. 中国环境科学（1）：49-52.

孙慧生，2003. 马铃薯育种学 [M]. 北京：中国农业出版社.

谭俊杰，1982. 茄科果菜的起源和分类 [J]. 河北农业大学学报（3）：16-32.

万霞，李建斌，徐鹤林，2000. 我国结球甘蓝育种研究的现状及展望（上）[J]. 上海蔬菜（1）：15-16.

汪隆植，何启伟，2005. 中国萝卜 [M]. 北京：科学技术文献出版社.

王汉中，2010. 我国油菜产业发展的历史回顾与展望 [J]. 中国油料作物学报，32（2）：300-302.

王淑芬，何启伟，韩太利，等，2007. 出口萝卜、胡萝卜安全生产技术 [M]. 济南：山东科学技术出版社.

王淑芬，刘贤娴，徐文玲，等，2015. 萝卜、胡萝卜绿色高效生产关键技术 [M]. 济南：山东科学技术出版社.

王寅，鲁剑巍，2015. 中国冬油菜栽培方式变迁与相应的养分管理策略 [J]. 中国农业科学，48（15）：2952-2966.

肖靖，李斌，石晓华，等，2016. 普通菜豆种质资源研究现状及进展 [J]. 北方园艺，15：194-198.

熊爱芳，黄珊，周庆丰，等，2019. 山药栽培技术探讨 [J]. 南方农业，13（30）：49-50.

徐文玲，何启伟，王翠花，等，2009. 大白菜起源与演化研究的进展 [J]. 中国果菜（9）：20-22.

张德纯，2009. 蔬菜史话·菠菜 [J]. 中国蔬菜，23（11）：15.

张德纯，2010. 蔬菜史话·芹菜 [J]. 中国蔬菜（1）：15.

张德纯，2013. 蔬菜史话·大蒜 [J]. 中国蔬菜，21（17）：36.

中国农业科学院蔬菜花卉研究所，2002. 中国蔬菜品种志（上卷）[M]. 北京：中国农业科技出版社.

中国农业科学院蔬菜花卉研究所，2010. 中国蔬菜栽培学 [M]. 北京：中国农业出版社.

周冰，李宏旭，2018. 温室大南瓜栽培技术简介 [J]. 长江蔬菜（3）：33-35.